# コンピュータ、どうやってつくったんですか？

はじめて学ぶ　コンピュータの歴史としくみ

川添 愛
AI KAWAZOE

東京書籍

## まえがき

　今私たちが当たり前のように使っているコンピュータは、歴史の中でどのように生まれてきたのでしょうか？　そして、どのようなしくみで動いているのでしょうか？　この本は、「コンピュータを触ったことはあるけれど、中身のことは全然知らない」という方向けに、それらを解説する本です。ガイド役は、人間の世界にコンピュータの作り方を学びに来た妖精、そしてコンピュータにくわしい親切な青年の2人です。彼らの会話を追っていくことで、今のコンピュータの3つの基本──1）数字で表された情報を扱う「デジタル機器」であること、2）電子機器であり、電気の操作で計算をすること、3）プログラムによってさまざまな計算ができることが理解できるようになっています。技術が進歩した現代においても、コンピュータやプログラムが動くしくみの本質は変わりません。コンピュータを生み出した「過去」を振り返ることが、読者の皆様にとって「今」と「未来」を考えるためのヒントとなれば嬉しいです。

## はじめに

# コンピュータ、どうやって、つくったんですか？

—— うわ、君、何者？

いきなりすみません。私は妖精です。

—— そうなの？　絵本に出てくるこびとに見えるけど。とんがり帽子かぶってるし。あと、ハムスターにもちょっと似てるね。

妖精です。だって、背中に羽、ありますから。

—— ああ、確かに。で、妖精が僕に何の用？

コンピュータを、どうやって作ったか、教えてください。

——「どうやって作ったか」って？　君は、コンピュータを作りたいの？

はい。私の世界では、みんな働き過ぎて、疲れています。最近は、食べ物も足りなくて、争いもたくさん起こっています。病気も流行っています。とても困ったので、長老たちに相談して、守り神ドゲンカ・センバにお祈りすることにしました。そうしたら、ドゲンカ・センバからこんなお告げがありました。「ニンゲンノー

モットルーコンピューターガーアレバーヨカー」です。解読したら、「人間が持っている、コンピュータがあればいい」という意味でした。それで私、人間の世界に来ました。そして、コンピュータがとても便利だということがわかりました。これがあれば、私たちの生活、もう少し楽になります。でも、人間のコンピュータ、妖精の世界では動きません。

　　　　　　　　　── そうか。それは残念だね。

　だから、私たち、また神様に聞きました。そうしたら「コンピューターノーレキシバーシットルヤツノーナマエバーオシユッケーソイツーニーナンデンカンデンーキケバーヨカヨー」というお告げがありました。「コンピュータの歴史を知っている人の名前を教えるので、その人に何でも聞けばいい」という意味です。それで私、ここに来ました。あなた、コンピュータのこと、よく知ってるんでしょう。教えてください。

　　　　　　── ええと、一応知ってるけど、急に言われても
　　　　　　　難しいなあ。何から教えればいいかなあ。

　私が一番知りたいのは、なぜ、妖精の世界ではコンピュータができなかったか、ということです。妖精の世界は、人間の世界と似ています。なぜならもともと、昔の人間の世界をお手本にして作られたからです。私たちの先祖はずっと昔に、「えじぷと」というところに行って、「ぴらみっど」を作るのを手伝いながら、たくさんたくさん、勉強しました。そして、勉強したことを、国づくりに役立てました。でも、あれから長いことたっても、私たちの世界にはコンピュータがありません。なぜですか？　人間の世界では、コンピュータ、できたのに。

──そんなこと言われてもなあ。電気がない、とか？

　人間の世界にあるものは、だいたいなんでもあります。水とか、電気とか、金属とか。でも、人間みたいに、上手に使えていません。それも、なぜだかわかりません。この絵、見てください。私たちの世界、こんなです。

──どれどれ？　あ、これ、写真じゃなくて、絵なんだね。ええと、遠くにお城があって、森があって、村があって、川があって、水車や風車があって、みんな畑で働いて……なんか、おとぎ話の世界みたいだね。これじゃあ、コンピュータ作るの、無理じゃないかなあ。

　大丈夫です。人間の世界でどうやってできたかがだいたいわかれば、私たちの世界でもできます。私たちの世界に足りなかったものを持ち帰って、そのあとで、時間を一気に進めればいいんです。そうしたら、技術も一気に進みます。

──時間を進める？　ずいぶん、思い切ったことをするねえ。

　時間の神様のハヨ・センカにお願いすれば、できます。でも、今のまま時間を進めても、何も変わらないことがわかっています。だから、何が足りないかが、わからないといけません。
　それがわかった上で、一度に🍄年とか🍄🍄年とか時間を進めれば、きっと私たちの世界にも、コンピュータ、現れます。

──ちょっと待って。今、なんて言った？　君が、「〇年とか〇〇年とか」って言ったところだけど。

𓏤年、𓏤𓏤年って言いました。変ですか？

―― それ、どういう意味？

わかりませんか？　今の人間の世界の言葉で言えば、「𓏤年」が千年、「𓏤𓏤年」が二千年です。

―― もしかして、それ、エジプト数字じゃない？

ええ、そうです。

―― なるほど、わかったぞ。それが原因だよ。君たちの世界では、数字が発達していない。君の世界でコンピュータができなかった原因の一つは、それだよ。

数字って、数を表すためだけのものでしょう。そんなものが、コンピュータと関係あるんですか？

―― 大ありだよ。まずは、そこから説明していこう。

---

> キャスト

**妖精**
神様のお告げを受けて、人間の世界にコンピュータの作り方を学びに来た妖精。好きな食べ物はりんご。

**青年**
子どもの頃に見たアニメの影響で、コンピュータの道を選んだ学生。休日はよく読書をして過ごしている。

# 目次

まえがき —— 2
はじめに —— 3

## 第1部 数字で情報を表す

### 第1章 数字の歴史　10

数と数字は違う —— 10
数はどうして生まれたか —— 14
数を表すという難問 —— 16
さまざまな数字 —— 19

### 第2章 二進法の数字とコンピュータ　27

コンピュータには二進法！ —— 27
電気・磁気・光 —— 34

### 第3章 数字による情報の表現　36

ものを区別するために数字を使う —— 36
「1」と「0」だけでどれくらいのことを表せる？ —— 40
文字を数字で表す —— 44
色を数字で表す —— 49
音はどうやって表す？ —— 52
デジタルとアナログの違い —— 57
コラム● バビロニア数字と、ゼロの発明 —— 64

数日後 —— 68

## 第2部 電気で計算を表す

### 第4章 コンピュータでの足し算　72

二進法の足し算 —— 72
電気で1桁の足し算を表す：半加算器 —— 76
電気で2桁以上の足し算を表す：全加算器 —— 84

| 第 5 章 | 「電気による計算」までの旅路　94 |
|---|---|
| | 論理学と数学の出会い：ブール代数 —— 94 |
| | 論理学と工学の出会い：論理回路 —— 106 |
| | スイッチをどんどん速く、小さく |
| | 　〜リレーから真空管、そして半導体へ —— 113 |
| | さらに数日後 —— 122 |

## 第 3 部　プログラミングとは？

| 第 6 章 | コンピュータに命令する　126 |
|---|---|
| | コンピュータがコンピュータである理由 —— 126 |
| | どうやって機械に命令する？ —— 129 |

| 第 7 章 | 命令を聞くしくみ　133 |
|---|---|
| | もしコンピュータの頭脳が「妖精のいる部屋」だったら：CPU —— 133 |
| | 命令とデータが同居する場所：メインメモリ —— 139 |

| 第 8 章 | 命令を実行する　144 |
|---|---|
| | プログラムの実行を体験しよう —— 144 |
| | データのやりとりと計算　〜データ転送命令と演算命令 —— 146 |
| | 命令の流れを変える　〜ジャンプと条件分岐 —— 148 |

| 第 9 章 | コンピュータの誕生　152 |
|---|---|
| | 「命令とデータの同居」のインパクト —— 152 |
| | コンピュータの赤ちゃん —— 158 |
| | コラム●チューリングマシン —— 160 |

後日談 —— 167
コンピュータのことを、もっと深く知りたい方へ —— 171
あとがき —— 174

# 第 1 部

# 数字で情報を表す

# 第1章 数字の歴史

## 数と数字は違う

ところで君は、コンピュータは誰が作ったか、調べたことある?

一応、調べました。「ねかふぇ」っていうところに入って、「いんたーねっと」を使ってみました。でも、いろんな名前が出てきて、よくわかりませんでした。

やっぱりね。「コンピュータは誰が作ったか」という問題は、それだけで本が何冊も書かれるほど、難しい問題なんだ。アメリカでは、「コンピュータの発明者」が誰かという問題が、裁判になったぐらいだから。

そうなんですか。

何についてもそうなんだけど、一言に「発明」って言っても、ひとりの人間がゼロからまったく新しいものを作り上げるということは、ほとんどないんだよ。「発明」っていうのはたいてい、それまでの歴史の中で作り上げられてきたものだとか、技術だとかを組み合わせることで行われるからね。

> プラスα!
> 「コンピュータの発明者は誰か?」という問いの答えとして、よく名前が挙がるのは、ジョン・フォン・ノイマンだ。その理由については、第3部で説明するね。

つまり、たとえ誰かが偉大な発明をしたとしても、必ずしもそれはその人だけの功績ではなくて、歴史上の人々が積み重ねてきた「アイデア」とか「工夫」とか「技術」の結晶だということだ。

それでこれから、コンピュータの発明につながる「アイデア」とか「工夫」の中で、かなり古いものから話そうと思う。「数字」の発明の話だ。

さっき言ってた話ですね。でも、なんで数字がそんなに大事なんですか？

コンピュータっていうのは、「数字で表された情報を扱う機械」なんだ。だから、数字っていうものがなかったら、今のコンピュータは存在しない。

まず、基本的な話から入ろう。君は、数字ってどんなものか知っているかな？

もちろんです。人間の世界の数字も、知ってます。1とか2とか3とか、5とか。

それじゃあ、数っていうのは、どういうもの？

数も、それと同じで、1とか2とかでは？　……あれ？　それだと数と数字が同じってことになってしまいますね。おかしいですね。数と数字は違うような気がしますけど。

もちろん、数と数字は違うものだよ。数字は、「1」とか「2」とか「3」とかの記号そのもののことだ。数っていうのは、「1」とか「2」とか「3」などの数字が表している、抽象的な概念のことだ。

ええと、「ちゅうしょうてき」っていうのは、目に見えないし、聞こえもしないし、さわれもしないってことですね。でも1とか2とか、目に見えます。このまえ、人間のケーキ屋さんに行ったら、数の形をしたロウソクがありました。あれ、かわいいし、さわれます。

だから、それは数そのものではなくて、数を表す「数字」なんだ。数字は見ることができるけれど、数そのものは見ることができない。僕らは「3」っていう記号を使うけど、またこれとは別に、「三」っていう漢数字も使う。ローマ数字だと、「Ⅲ」という記号を使う。全部違う記号だけれど、同じ数を表している。

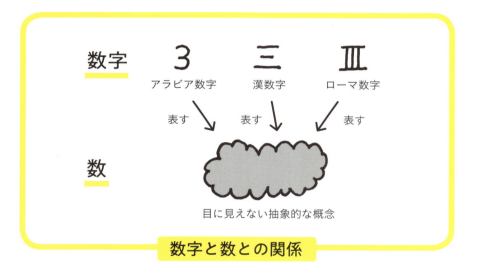

数字と数との関係

つまり、「記号そのもの」と、「その記号が表しているもの」を、区別しているんですね。

そのとおり。<u>数字は数を表して、数は数字に表わされる</u>。

第 1 章　数字の歴史

なるほど。でも、数が抽象的で、目に見えないっていうのは、まだ納得いきません。だって、5という数を知らない人に、石を5つ並べてみせて、「これが5という数ですよ」って教えることはできますよね。

　うーん。でも、その「5つの石の集まり」は、5という数そのものではなくて、「5つあるようなもの」の一例にすぎないよね。その証拠に、ケーキを5個並べても、本を5冊並べても、テレビの「なんとか戦隊○○ジャー」のヒーローを5人並べたって、「これらの数は5です」って言えるでしょ。

確かに、そうですね。

　つまり、5っていうのは、石の集まりとかケーキの集まりとか人の集まりそのものではなくて、それらが共通してもっている「性質」のようなものだといえる。もっとも、これは「数とは何か」に対する正確な答えではないけどね。
　「数とは何か」についての正確な答えは、大学の数学の授業で教わることだから、ここでは触れないよ。

大学で初めて教わるんですか？　「数とは何か」って、けっこう難しいことなんですね。

第1部　数字で情報を表す

> ここがポイント
> 「数字」は目に見えるけれど、「数」は目に見えないんですね。目に見えない「数」を書き表すために、「数字」があるんですね。

## 数はどうして生まれたか

でも、なんで数なんてものがあるんでしょうね。

なぜ数が誕生したかについては、次のようなことを書いている人がいるよ。

「人間の目は5つより多い物の数を一度に把握できない。幼い子どもの数の概念が「1」「2」と「たくさん」だと聞いて笑うような人でも、一目みただけでは5個と6個の区別がつかないのだ。おそらく人間は、目にこのような弱点があったために、数を発明したのだろう。」

ドゥニ・ゲージ著　藤原正彦監修　「数の歴史」（「知の再発見」双書74）、創元社、pp.18-19。

これはつまり、人間が自分の感覚だけで捉えられないことを扱うために、数が必要だったということだと思う。数が誕生する前は、人々は、ものの多さや大きさを、自分たちの感覚でわかるぶんだけ理解したり、伝えたりするしかなかっただろうね。

でも、数を使わなくても、ものの多さを言い表すことはできます。たとえば、「多い」「少ない」とか、「すごく多い」とか、「ちょっと少ない」とか、「まあまあ多い」とか、言うことができますよね。私たちの世界では、数を使うより、そういう言い方をすることのほうが多いです。

なるほどね。でも、「多い」とか「少ない」っていうのは、主観的な感覚だよね。どういう基準で「多い」とするかっていうのは、人によって変わったり、文脈によって変わったりする。たとえばさ、同じ量の食事を食べても、「子供にしてはたくさん食べるね」とか、「スポーツマンに

しては小食だ」とか言われたりするでしょ。個人によって違う基準に惑わされず、客観的にものの多さとか大きさとかを捉えるには、やっぱり数を用いる必要があるんじゃないかな。

 うーん、そうかもしれません。私たちの世界でも、「これは多いか、少ないか」という意見が食い違って、よくケンカが起こります。

　人間の場合は、数を使えるようになったことで、自分の感覚を越える知識や情報を手にいれることができるようになったんだと思うよ。これは、それ以前の人々にとってはまるで「神の視点」を持つようなことだったと思うし、実際のところ、歴史を通じて「数を操れること」は大きな力を持つことを意味していたようだ。

　だって、数によって表される情報は、現在や過去のことだけではないしね。数の計算をすることで、未来のことや、仮定したことまで、予測をすることができるんだから。数の計算ができない人たちにとって、できる人たちは、まるで魔法使いのように見えただろうね。

ここがポイント
数が使えるようになったことで、人間は「感覚で捉えられること」よりも多くのことを捉えられるようになったんですね。

## 数を表すという難問

　数を自分に見やすく表したり、誰が見てもすぐにわかるようにしたりすることは、利害を共有する社会の中では重要なことだった。でも、数を「どうやって表すか」ということは、昔の人々にとってはそう簡単な問題ではなかったみたいだよ。

 そうなんですか？

　人間はもともと、狩りでつかまえた獲物の数を記録するとき、骨や木片に切り傷を入れたりしていたらしい。紀元前3万年に、骨や木への切り傷で数を記録していた痕跡があるそうだよ。

 妖精の世界でも、「えじぷと数字」を知らない人たちは、同じようにして数を記録します。1個のものに切り傷1つ、というふうに数を表すんです。でも、数が多くなると、パッと見ていくつかわからなくなってしまいます。でも私、人間の世界に来て、いい方法を見つけました。

　それは、どんな？

 「正」の字を使う方法です。あれは、パッと見てわかりやすいし、とてもいいと思います。

　お、それはいいところに気が付いたね。日本人がたまに使う「正」の字を使った数の数え方・表し方は、5をひとかたまりと考えて、「数をまとめる」というものだね。数をまとめて表すというやり方は、すでに紀元前8000年のメソポタミアで、シュメール人によって行われていたらしいよ。彼らは何種類かの石を使って、それ

ぞれを1、10、60、600、3600、36000に対応させていたんだ。
　たとえば、152は、60の石2個、10の石3個、1の石2個で表されることになる。

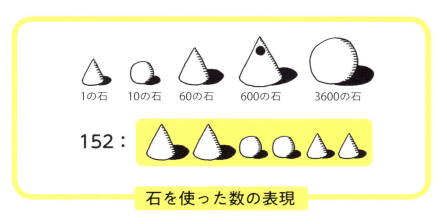

石を使った数の表現

参考：ドゥニ・ゲージ著・藤原正彦訳「数の歴史」創元社　p.033

 そうですか。でも、60とかで数をまとめるのは不思議な気がします。ややこしそうですけど。

　一説には、60には<u>約数</u>が多いから、好んで使われていたのではないかといわれているね。

 やくすう、って何ですか？

　ある数を割り切れる数のことだよ。60を割り切れる数はいくつあるかな？

 数を見やすく表すために、「数をまとめる」という方法が昔から使われてきたんですね。

第1部　数字で情報を表す

ええと……けいさんは、苦手です。ちょっと待ってください……2でしょ。3でしょ。 4……、5……、6……、10、12、15、20、30。たくさん、ありますね！

　約数が多いと、部分的に数を把握しやすいんだ。「60でひとまとまり」っていう考え方は、シュメールのあとのバビロニアでも使われているよ。あとで見るけどバビロニアで使われていた数字は、60をひとまとまりとみなして数を表す「六十進法」の数字だった。今僕らが使う十進法の数字の場合は、10をひとまとまりとみなす数の表し方だね。

　昔はそのほか、五進法や二十進法も使われていたらしいよ。十進法、五進法、二十進法が使われるのは、人間の指の数に由来するんだろうね。

二十進法って、よくわかりませんけど。

　20は手足の指の合計だと思うよ。昔は裸足で過ごしていた人が多かったから、なじみやすい数だったのかもね。二十進法はヨーロッパでも使われていたらしくて、今のフランス語でも80をquatre-vingt（4-20）、90をquatre-vingt dix（4-20-10）と言ったりするのは、その名残りであるようだよ。あと、トレス海峡諸島という、オーストラリアとニューギニアの間の海峡にある島では、二進法による数え方が使われていたらしいよ。

二進法？　そんなの、あるんですか？

---

プラスα！
昔の数字の話に興味がある人は、ドゥニ・ゲージ『数の歴史』（創元社）、内山昭『計算機歴史物語』（岩波新書）、吉田洋一『零の発見―数学の生い立ち』（岩波新書）、Michael R Williams『History of Computing Technology』（IEEE Computer Society Press）を読んでね。

もちろんありだよ。そこでは、1がウラプン、2がオコサ。3がオコサ・ウラプン、つまり2のカタマリ一つに1を加えたもの、4がオコサ・オコサ、つまり2のカタマリ2つなんだろうね。ただし、5以上は一緒くたに「たくさん」だったらしいけど。

なんかすごく不便そうですね。二進法って。

でも、二進法はとても重要なんだよ。なぜかというと、今のコンピュータでは、二進法が使われているからだ。

そうなんですか！？

だからいずれ、二進法に戻って来る予定だけど、ここではとりあえず「数をまとめる」ことで、数を見やすくする工夫があったということだけ押さえてもらえればいいよ。

## さまざまな数字

ではいよいよ、数字について見てみよう。世界で最も古い数字は、シュメール人によって書かれたウルク古文書に現われている「横釣鐘形」の数字だったらしい。紀元前3100年頃らしいよ。以降、歴史上ではさまざまな数字が使われた。

そして、古代エジプトで使われていた数字は、こんなのだ。これ、君たちの世界で今でも使われてる数字だよね。

**エジプト数字**

　そうです。私にとってはとても、わかりやすいです。

　縦棒が1、Uの字をさかさまにしたような記号が10。これは馬のかかとが由来らしいね。ぐるぐるに巻いたロープが100、睡蓮の花が1000、指が10000、蛙になりかけのオタマジャクシが100000。オタマジャクシが大きな数の記号に使われているのは、ナイル川にたくさんいたかららしい。1000000を表すのは、ヘフ神という神様らしいよ。

　神様だったんですか。私たちは、「数が多すぎて投げやりになっている人」だと思っていました。

　エジプト数字だと、23206という数は、次のように表されるんだよね？

　こんなふうに、エジプトの数字では、1、10、100、1000……など、単位となる数を表す記号があって、それを必要なだけ並べる。
　つまり、1を表す記号、10を表す記号、100を表す記号……の数を全部数えていって、その合計が「表されている数」だということになる。でも、これはあまり使いやすい数字ではない。

第 1 章　数字の歴史

そうですか？

　うん。まず、数の大きさを比べにくいよね。僕らが今使っているアラビア数字では、桁が違う数どうしを比べるときは「数字の長さが長いほうが大きい数を表す」ということになっている。たとえば、「10000」と「9999」だと、「10000」のほうが「9999」よりも長い数字になっている。つまり、「数の大きさ」と「数字の長さ」がきちんと対応しているんだ。
　でも、エジプト数字の「10000」と「9999」を比べると、次のような感じだ。10000のほうが大きい数なのに、9999を表す数字のほうが長いよね。

確かにそうですね、でも、あんまり問題ないように思えますけど。

　この数字に慣れていたら、そうだろうね。でも、もっと深刻な問題がある。エジプト数字で、1億とか1兆とかは、どうやって表すんだろう？

ええっと……。私が知っているうちでは、100万を表す「投げやりになった人」が一番大きい単位ですね。それより大きい数を表す記号は、ない気がします。少なくとも、私は知りません。

　エジプト数字では、1000万を表すのに「太陽神」の記号を使っていたらしいけれど、それ以上はよくわからない。もしかしたら、誰かが考え出して使っていた

かもしれないけどね。でも、もしあったとしても、さらに10億、100億……とどんどん大きな数を考えていくと、大きな単位を表す記号がいくらあっても足りない。

ああ、なるほど。数は無限だから、無限に新しい記号を作っていかない限り、いつか「表せない数」がでてきてしまうんですね。

実は、僕らがよく使う「漢数字」でも同じことが起こる。漢字で数を書くとき、単位となる漢字は、一、十、百、千、万、十万、百万、千万、億、十億、百億、千億、兆、十兆、百兆、千兆……のようになるよね。千兆より大きい単位は、どう表すか知ってる？

ええと、ケイとかいう言葉を、聞いたことがあります。

そうだね。「京(けい)」という新しい漢字を使う。そのあと「垓(がい)」が来て、さらに11個の漢字が続いて、最後には無量大数となる。結果的に90桁ぐらいまで表せるけど、結局そこまでだ。それより大きい数は存在するけど、漢数字では表せない。

一・十・百・千・万・億・兆・京・垓・秭(じょ)(秭)・
穣(じょう)・溝(こう)・澗(かん)・正(せい)・載(さい)・極(ごく)・恒河沙(ごうがしゃ)・阿僧祇(あそうぎ)・
那由他(なゆた)・不可思議・無量大数

**漢数字（一から無量大数まで）**

> **ここがポイント**
> エジプト数字のような数の表し方だと、1）数の大きさを比べにくい、2）大きな数を表そうとすると、新しい記号を作らないといけないという問題があるんですね。

そうなんですか。けっこう、難しいですね。

今僕らが使っているアラビア数字は、こういった問題をうまく解決しているんだ。

アラビア数字って、「1」とか「2」とか「3」とかを使うやり方ですよね。

うん。アラビア数字のポイントはね、「同じ数字が、書かれた場所によって違う意味を持つ」ということだよ。
　つまりね、アラビア数字では、10の累乗を単位として「桁上がり」をするんだ。

あの、すみません。「10のるいじょう」とか、「$10^0$」とか「$10^1$」とか「$10^2$」とか、何のことかわかりません。

あ、「10の累乗」っていうのはね、簡単に言えば、「10をいくつかけた数か」っていうことだ。「$10^2$」って書いたら、「10を2つかけた数」ってことになる。つまり、10×10で、100という数になる。「$10^3$」は、「10を3つかけた数」だから、10×10×10で、1000だね。「$10^1$」と「$10^0$」っていうのは、どうなるかわかるかな？

ええっと、「$10^1$」は、「10を1つかけた数」ですね。あれ？　1つの数って、どうやってかけるんですか？　無理ですね。「$10^0$」は……「10を0個かけた数」？　え？　全然、わかりません！

ええとね、「$10^1$」は結局、10と同じになるんだ。そして「$10^0$」なんだけど、これは「1」になるって「決まっている」。「$10^0$」だけでなく、「$2^0$」とか「$60^0$」とか、あらゆる数の0乗は「1」ということになってる。理由はややこしいから、ここでは説明しないよ。

それで、アラビア数字で「2152」と書く場合、右から1番目の数字は「$10^0$」がいくつあるかを表し、2番目の数字は「$10^1$」をひと固まりとして、これがいくつあるかを表す。同様に、右から3番目の数字は「$10^2$」がいくつあるか、4番目の数字は「$10^3$」がいくつあるかを表す。

アラビア数字による数の表現

　2が2つ出てきているけど、一番左の「2」は「$10^3$」つまり1000が2つあることを表していて、一番右の「2」は「$10^0$」つまり1が2つあることを表しているんだ。
　小学校では「1の位」「10の位」「100の位」……って習うけど、これを$10^0$の位、$10^1$の位、$10^2$の位……と言い換えれば、10の累乗が単位になっていることがよくわかると思う。
　こういった、アラビア数字のような数の表し方は、位取り記数法と呼ばれるよ。

---

プラスα！
位取り記数法の数字の古いものには、バビロニア数字なんかがあるよ。くわしくは、第1部の最後のコラムを見てね。

第1章 数字の歴史

くらいどりきすうほう、ですか。なんか、ややこしいですね。私たちのエジプト数字のほうが簡単では？

　でも、アラビア数字は、さっき見たエジプト数字や漢数字の問題をうまく解決しているんだよ。
　まず、「大きい数をどうやって表すか」っていう問題だけど、アラビア数字のような「位取り記数法」を使って数を表せば、左に1桁増やすだけでいくらでも大きい数を表せる。もちろん、紙とかに数字を書くときはスペースに限りがあるから、現実には書けない数が出てくるけど。でも少なくとも、桁が上がるたびに、京とか垓とかのような新しい記号を用意したりしなくていい。

ああ、そうですね。私たちのエジプト数字は、100万までしか表せませんでしたけど、アラビア数字ならもっと大きい数を簡単に表せるんですね。

　それから、君たちはエジプト数字を使ってるけど、計算するとき、ややこしくない？

ええと、計算はとても難しいことなので、頭のいい人だけがやります。妖精の世界では、大きい数の足し算や引き算ができるのは、10人ぐらいしかいません。大きい数のかけ算や割り算となると、きちんとできるのは1人か2人です。私は妖精の世界で一番の「カシコカ大学」で長いこと勉強したので、かけ算や割り算は知っています。でも、得意ではありません。

　妖精の大学を出ていても、そうなんだね。実は、アラビア数字では「筆算」っていうのができる。こちらの世界では小学校で教えてもらう。筆算を使えば、小学

第1部　数字で情報を表す

25

生でも、大きい数の足し算、引き算、かけ算、割り算ができるんだよ。

 小学校で習うんですか？　すごいですね。

　これも、アラビア数字のおかげなんだ。アラビア数字では、縦に２つの数を並べたときに、１の位、10の位、100の位がすべて１列にそろっているよね。これは筆算をする上で重要なんだ。
　また、古代ギリシアでは幾何学が発達したけど、一方で代数学があまり発達しなかった。これは、数の表し方がわかりにくかったせいだという説があるらしいよ。

 そうですか。たかが数字、されど数字なんですね。

# 第 2 章 二進法の数字とコンピュータ

### コンピュータには二進法！

ところで、いつコンピュータの話をしてくれるんですか？ ずっと、数字の話ばっかりですけど。

僕は、ずっと「コンピュータの話」をしているつもりだよ。

そうなんですか？

なぜなら、今のコンピュータがあるのは、これまで見てきた「二進法」プラス「位取り記数法」のおかげだからね。

二進法って、なんでしたっけ。

二進法は、2をひとかたまりとして数を表す方法だよ。二進法をアラビア数字で、位取り記数法を使って書くと、0から19までの数は次のようになる。

> ここがポイント
> 二進法は、2をひとかたまりとして数を表す方法なんですね。

```
 0 :     0       10 :    1010
 1 :     1       11 :    1011
 2 :    10       12 :    1100
 3 :    11       13 :    1101
 4 :   100       14 :    1110
 5 :   101       15 :    1111
 6 :   110       16 :   10000
 7 :   111       17 :   10001
 8 :  1000       18 :   10010
 9 :  1001       19 :   10011
```

**二進法の数字**

（ポカ〜ン）

どうかした？

なんですか、これ……全然、わかりません。
「1」の次がいきなり「10」って、どういうことですか？ 「1」の次は、「2」じゃないんですか？

　二進法では、「1」と「0」だけで数を表すんだ。「2」から「9」までの数字は「使わない」。「1」と「0」だけで、1より大きい数を表そうとしたら、いきなり「10」を使うしかないんだよ。そして、「10」の次は「11」。「11」は、2桁で表せる一番大きい数を表す。だから、これより大きい数を表すには、3桁の数に「桁上がり」するしかない。それで、またいきなり「100」になるんだ。

変な数字ですね……。

　でもね、これも僕らが普段使っている十進法のアラビア数字と同じ、「位取り記

数法」の「書き方」に、きちんと従っているんだよ。まず、右から1番目の数字は、2の0乗、つまり1がいくつあるかを表す。そして、右から2番目の数字は、2の1乗、つまり2がいくつあるか。右から3番目の数字は、2の2乗、つまり4がいくつあるか。4番目の数字は、2の3乗、つまり8がいくつあるかを表している。

　こんなふうに、それぞれの桁の数字は、2の累乗の数がいくつあるかを表す。ほらね、アラビア数字と同じでしょ？

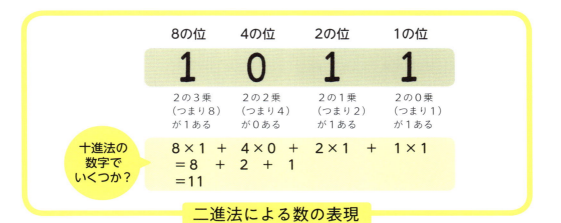

**二進法による数の表現**

 うーん。では、「10」の場合は、右から考えると、1が0個あって、2が1個あるわけだから、結局2を表していることになる、と？ えーと、「101」はどうなんでしょう。右から、1が1個、2が0個、2の2乗つまり4が1個だから、1足す4で、5を表す。なるほど。でも、この数字、なんか嫌ですね。目がちかちかします。

数を二進法で、しかも「位取り記数法」のアラビア数字で書くと、0と1だけを使って数を表すことができるんですね。

まあ、ちょっと見づらいよね。でも、コンピュータの内部で使われているのは、実はこの二進法なんだ。

 そうなんですか？　でも、私、コンピュータの「でんたくソフト」を使ったことがあります。あれはとても便利ですけど、十進法で計算していたと思います。

　ああ、「電卓」ね。確かにあれは、僕らが計算したい数を入力したり、計算結果を見たりするとき、十進法で表してくれるよね。でも、コンピュータの内部では、二進法の数字に変換されているんだ。

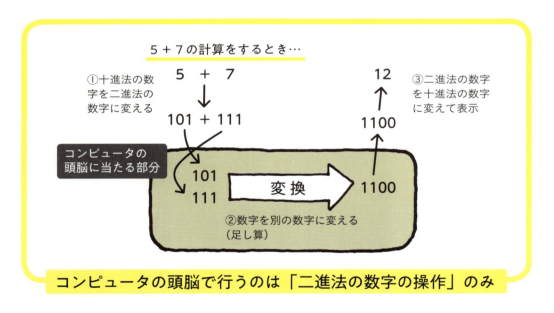

**コンピュータの頭脳で行うのは「二進法の数字の操作」のみ**

 コンピュータの内部では、数は二進法の数字で表されているんですね。

第 2 章　二進法の数字とコンピュータ

でも、なんで、わざわざ十進法から二進法に変えないといけないんですか？　そのまま十進法で計算したほうが、楽じゃないんですか？

　僕らは十進法の計算に慣れているからそう思うけれど、コンピュータにとっては二進法のほうが楽なんだよ。
　それは、コンピュータが電気製品であることと関係している。実は<u>コンピュータにとって「表現しやすく、区別しやすい」状態の数が2つ</u>なんだ。

表現しやすく、区別しやすい？

　うん。まず、電気では、オンとオフという2つの状態を区別することができるよね。電気が流れている場合がオン、流れていない場合がオフっていうふうに。また、電圧が高い、低いという状態もある。こういった、電気の「2つの状態」は、「1」と「0」という数字を表現するのに使いやすい。

？？？

　これを見てごらん。これはコンピュータの中にある、IC（集積回路）という部品なんだ。これはコンピュータの中でとても重要な部品で、計算や記憶などに使われている。

ここがポイント
電気製品であるコンピュータでは、「電気のオン・オフ」とか「電圧が高い・低い」という2つの状態を区別しやすいんですね。それを、二進法の数字の「1」と「0」に対応させているんですね。

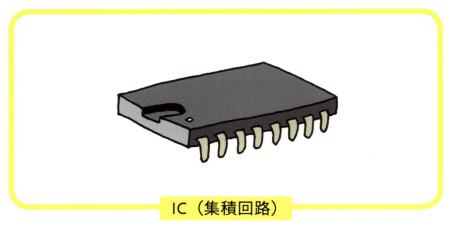

IC（集積回路）

教材協力：中川雅央（滋賀大学）
（情報科学・システム工学教育向けフリー素材集）
http://www.biwako.shiga-u.ac.jp/sensei/mnaka/ut/sozai.html

 こういう、トゲトゲの足がいっぱいある虫、人間の世界で見たことあります。

　ああ、ムカデとかね。この装置では、このトゲトゲした足が重要なんだよ。このトゲトゲの一つひとつは、電圧が高いか低いかの、どちらかの状態をとることができる。そして、高い電圧を帯びた状態は二進法の「1」を表し、低い電圧を帯びた状態は「0」を表すとみなせるんだ。どれくらいの電圧を「高い電圧」「低い電圧」とみなすかは場合によって変わるけど、仮に「高い電圧」を5ボルト、「低い電圧」を0ボルトとしよう。そうすると「10101101」という二進法の数字は、このトゲトゲの一つひとつに「5V 0V 5V 0V 5V 5V 0V 5V」という電気信号のパターンとして伝えられるんだ。

32

第 2 章　二進法の数字とコンピュータ

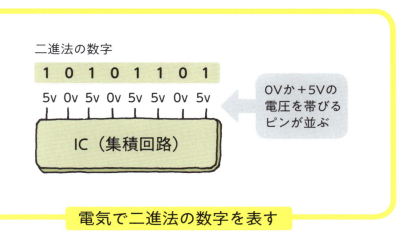

電気で二進法の数字を表す

ふうむ、電気で数字を表すんですね。電気って、ものを動かすのに使うものだと思っていました。

　ああ、確かにそうだよね。人間の世界では、電気を動力として使ったり、熱や光に変換したりすることが多いよね。つまり、エネルギーとして利用している。身近にある電気製品……たとえばエアコン、掃除機、炊飯機、洗濯機なんかでもそうだ。
　これに対して<u>コンピュータでは、電気のオン・オフが「数字」を表すのに使われる。</u>それによって、電気が「数字によって表される数や、その他の情報」を表すことになるんだ。

電気が、ものを動かす「えねるぎー」から、「じょうほうを表すもの」になったんですね。

33

## 電気・磁気・光

　コンピュータ関連の機器には、磁力や光を使って情報を記録するものもあるよ。そういうものの中でも、情報を表すのに二進法の数字が使われているんだ。

 磁力って、磁石がくっついたりする力ですよね？

　そう。磁力を利用した記録装置では、磁力を帯びることのできる物質が、次の図のように並んでいる。図の中のSとNはそれぞれ、S極とN極を表すよ。

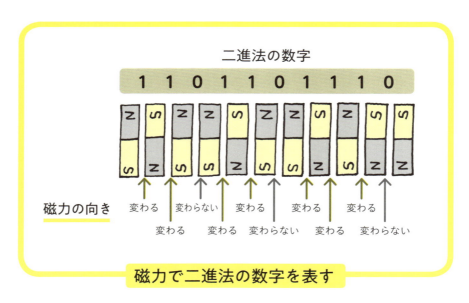

**磁力で二進法の数字を表す**

プラスα！
　このように、磁力を帯びた物質を垂直に並べる方法は「垂直磁気記録方式」と呼ばれているよ。この他、磁力を用いる方法としては、磁力を帯びた物質を水平に並べる「水平磁気記録方式」というのがあるよ。

磁力を帯びた物質どうしの境目で、磁力の向き——つまりS極とN極の方向が変わるところを「1」、変わらないところを「0」に対応させれば、二進法の数字が記憶できるというわけだ 。

 なるほど。

　あと、CDとかDVDなどの光を利用した記録装置ではね、光を当てる強さと時間によって、原子がきれいに並ぶところと、不規則に並ぶところを作ることができるんだ。原子がきれいに並んでいるところは、光を当てるとよく反射するけど、きれいに並んでいないところは、当たった光が散ってしまう。「光をよく反射する」「光が散ってしまう」のような「2つの異なる状態」があれば、これもまた二進法の数字を表せることになる。

 数を「1」と「0」だけで表すっていうのは、いろんなものに置き換えられるから、便利なんですね。

# 第3章 数字による情報の表現

## ものを区別するために数字を使う

　今のコンピュータの内部で、二進法の数字で表される情報は、「数」だけじゃないよ。文字や色や音などのデータ、また「こういうことをしなさい」っていう命令なんかも、二進法の数字で表される。
　コンピュータは計算のための機械だけれど、数の計算をするだけではなく、文書を作ったり、画像を見たり、音楽を楽しんだりするのにも使えるよね。これは、文字や色や音なども、二進法の数字で表すことができるからなんだ。

> 文字や色？　音？　そんなものまで数字で表せるんですか？　さっきから見てきたけど、数字って普通、「数」を表すものですよね。数字で「数以外のもの」を表すって、変じゃないですか？

　そうでもないよ。僕らの普段の生活の中では、数字で数以外のものを表すことは、けっこう多いんだよ。

> たとえば？

　電話番号とか。

> ええと、電話番号って、数を表していないんですか？

36

第 3 章　数字による情報の表現

　うん。普通、数字が「数」を表す場合には、「〜より多い・〜より少ない」とか「〜より後・〜より先」のような「比較の意味」があるよね。
　たとえば、僕が「クッキーを3個もらった」と言ったとする。「3個」というのは、「ものの多さを表す数」だ。この場合、僕は「1個や2個より多い」とか「4個より少ない」ということも同時に意味していることになるよね。もし僕が、君以外の誰かにクッキーを3個あげて、君に1個しかあげなかったら、君は「うらやましい」とか「不公平だ」とか思うでしょ？ これはつまり、「3個」が「数」を表していて、それゆえに「比較の意味」を持つということだ。これはいい？

はい、なんとなく、わかります。

　同じように、僕が「マラソン大会で123位だった」と言ったとする。「123位」というのは、「順位」つまり「ものの順番を表す数」だ。この場合にも「比較の意味」がある。このとき、僕は「122位の人より後」「124位の人より先」ということも同時に意味していることになる。

確かにそうですね。たとえば私が同じ大会で120位だったとしたら、「あなたよりいい順位だ」って自慢したくなります。

　これに対して、「私の電話番号は12345678だ」という場合、何かが12345678個あるという意味ではないし、何かの順番が12345678番目だという意味でもない。
　つまり、他の番号に比べて「多い・少ない」とか「後・先」という意味合いはない。もし、君の電話番号が12345677だったとしても、12345678番の人に対し

**ここがポイント**
コンピュータの内部では、数だけでなく、文字や色や音なんかも二進法の数字で表されるんですね。

第1部　数字で情報を表す

37

て、うらやましいとか自慢したいとかいう気持ちにならないでしょ。

そうですね。でも、12345678っていう電話番号には、「12345678番目に電話を買いました」とかいう「順番」の意味はないんですか？

　ないと思うよ。たとえ最初はそのような番号の付け方をしていても、電話を解約した人が出てきたり、使われなくなった古い電話番号を新しい人に割り振ったりしているうちに、「何番目に電話の利用を始めたか」という意味合いはなくなると思う。それに、電話の利用を始めた順番と電話番号が一致していなくても、電話をかけるときにはまったく問題にならないよね。きちんと電話がつながればいいわけだから。
　つまりね、電話番号は「数」を表していない。

じゃあ、電話番号は何を表しているんでしょう？

　電話番号が表しているのは、ある電話が、他のすべての電話と異なるということだ。君の電話番号は、君の電話を、他のすべての電話と区別するためについている。電話会社は、互いに区別しなければならないすべての電話に対して、異なる数字を割り当てている。だからこそ、誰かが君の電話番号を押せば、他の電話につながらず、君の電話につながるのだ。

ふ〜む。

　こんなふうにみてみると、電話番号のように、「ものを区別するためだけに使われる数字」、つまり「識別番号」としての役割を持つ数字が、生活の中にたくさんあることがわかると思う。たとえば住所の番地もそうだし、車のナンバーなんかもそうだね。商品番号とかもそうだ。

そして、コンピュータの中でも、「ものを区別するために」二進法の数字が使われることが多い。つまり、文字や色の種類を区別するために、二進法の数字が使われる。

たとえば以下のように文字や色に識別番号を振ることによって、何種類かの文字や色を区別することができる。

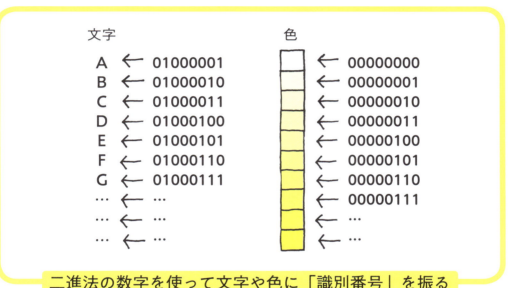

**二進法の数字を使って文字や色に「識別番号」を振る**

さっき、コンピュータというのは、二進法で表された数字を扱う装置だと説明したよね。上のように、文字や色を二進法の数字に置き換えれば、コンピュータで扱えるようになる。

プラスα！
コンピュータの頭脳で扱われる「文字」や「色」の正体は、それらに割り当てられた二進法の「識別番号」だ。コンピュータに文字や色が扱えるからといって、必ずしも人間と同じようにそれらを「理解」しているわけではないので、注意してね。

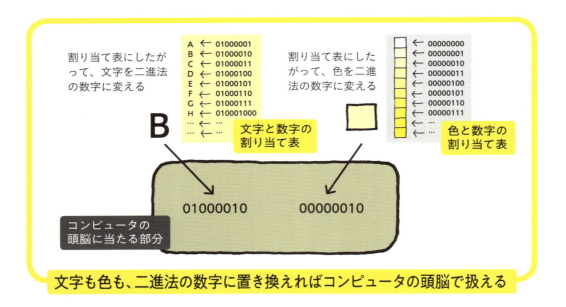

**文字も色も、二進法の数字に置き換えればコンピュータの頭脳で扱える**

なんかややこしい話ですけど、短く言えば、「違うものには必ず違う数字を割り当てて、ごっちゃにならないようにする」ってことですね。

## 「1」と「0」だけでどれくらいのことを表せる？

　数字を使ってより多くのものを区別しようとしたら、それだけ「使える数字」も多くなくてはならない。クラスの出席番号を例にあげると、もし、クラスの生徒の数が31人なのに、出席番号が1番から30番までしか使えないとすると、全員に違う番号を割り振ることはできない。

それはそうですね。番号がもらえない人とか、他の人と番号がだぶる人とかが出てきますね。

第 3 章　数字による情報の表現

　文字や色などを二進法の数字を使って区別する場合も同じだよ。使える数字がいくつあるかによって、いくつの文字（あるいは色）を区別できるかが変わってくる。

二進法の数字だと、数字の種類が「1」と「0」しかないですね。だから、あんまりたくさんのものを区別できない気がします。

　もちろん、数字の長さが1桁だったら「1」と「0」だけだから、2通りのものしか区別できない。でも、二進法でも数字の桁数を長くすれば、それだけたくさんの「数字」を作ることができるんだ。
　たとえば、二進法の2桁の数字は、いくつあるかな？

ええと、10と11。だから、2つですか？

　0が先頭に来るのも入れようか。つまり、01と00だよね。だから、4つ。

あ、そういうのも入れるんですね。

　じゃあ、3桁の数字はいくつあるかな？

ええっと……。まず、111と000でしょ。それから、100と001でしょ。うーん、全部で4つですか？

　残念。まだまだある。101とか010、110、011もある。

そうか、全部で8つあるんですね。

そして、4桁の数字は16個ある。

| 1桁（2個） | 2桁（4個） | 3桁（8個） | 4桁（16個） |
|---|---|---|---|
| 0 | 00 | 000 | 0000 |
| 1 | 01 | 001 | 0001 |
|   | 10 | 010 | 0010 |
|   | 11 | 011 | 0011 |
|   |   | 100 | 0100 |
|   |   | 101 | 0101 |
|   |   | 110 | 0110 |
|   |   | 111 | 0111 |
|   |   |   | 1000 |
|   |   |   | 1001 |
|   |   |   | 1010 |
|   |   |   | 1011 |
|   |   |   | 1100 |
|   |   |   | 1101 |
|   |   |   | 1110 |
|   |   |   | 1111 |

二進法の数字の「桁数」と「数字の個数」の対応
（1～4桁まで）

5桁とか、それより大きい桁のときは、どうなるんですか？

ええとね、nが1以上の整数の場合、n桁の二進法の数字は、2のn乗個ある。

う〜ん。nですか。すみません。人間の数学の教科書に、そういう記号、出てきますね。私、妖精の大学でかけ算と割り算までしか勉強していないから、そういうの、苦手なんです。

そうか。ええと、気持ちはわかるんだけど、すべての数一個一個について言うのが面倒くさいから、nという変数を使った言い方をしているんだけどね。

その、「へんすう」を使わないで言ってもらうことはできないんですか？

じゃあ、言ってみるね。
1桁の二進法の数字は、2の1乗個ある。つまり2個。
2桁の二進法の数字は、2の2乗個ある。つまり4個。
3桁の二進法の数字は、2の3乗個ある。つまり8個。
4桁の二進法の数字は、2の4乗個ある。つまり16個。
5桁の二進法の数字は、2の5乗個ある。つまり32個。
6桁の二進法の数字は、2の6乗個ある。つまり64個。
7桁の二進法の数字は、2の7乗個ある。つまり128個。
8桁の二進法の数字は、2の8乗個ある。つまり256個。
9桁の二進法の数字は、……

あ、もういいです。なんでnを使いたいのか、わかりました。話がすごく長くなっちゃうからですね。

長くなるっていうか、永遠に終わらないんだよね。さっきnを使って言ったことをnを使わないで言おうとすると、まだまだ続くんだよ。nを使えば短く言えるんだ。

なるほど。

ところで、2のn乗という数は、nが大きくなっていくとすごいことになる。だいたい、新聞紙を42回折ると、月にとどく(※)らしいよ。

ええと、だから、こういうことですね。二進法の数字は0と1しか使わないけど、桁が長くなれば、いくらでも大きい数を表せる。

　そのとおり。そして、大きい数を表せるということは、それだけ多くのものを区別できるということでもあるんだ。

## 文字を数字で表す

　それじゃあ、二進法の数字で「文字」を表す場合についてみていこう。まず、パソコンのキーボードで、英語の文章を打つことを考えてみよう。このとき、使える文字は、アルファベットの大文字小文字、数字や記号、あとは空白なんかをいれて、だいたい120文字ぐらいだ。
　120個の文字を区別するために二進法の数字を割り当てたいとき、何桁の数字が必要かな？

えーと。どうすればわかるんでしょう。

　さっき、「n桁の二進法の数字は、2のn乗個ある」って言ったよね。二進法の数字が120個以上あればいいんだから、nがいくつのときに「2のn乗」が120以

※ただし、新聞紙の厚さが0.1mmの場合だよ。

44

第 3 章　数字による情報の表現

上になるか、調べればいいよ。

えーっと、2の1乗は2。2の2乗は4。……2の6乗は64。2の7乗は128。あ、120以上になりました。

　そうだね。二進法の数字が2の7乗個、つまり128個あれば、英語のキーボードで打てる数字をだいたい全部区別できる。つまり、最低で7桁の長さがあればいいわけだ。
　ASCIIコードって聞いたことあるかな。あれは、英語のキーボードの文字を、7桁の二進法の数字と対応させたものだ。例えば「A」という文字は、「1000001」という二進法の数字に対応している。

| （後半4桁） | （前半3桁）000 | 001 | 010 | 011 | 100 | 101 | 110 | 111 |
|---|---|---|---|---|---|---|---|---|
| 0000 | NUL | DLE | SP | 0 | @ | P | ` | p |
| 0001 | SOH | DC1 | ! | 1 | A | Q | a | q |
| 0010 | STX | DC2 | " | 2 | B | R | b | r |
| 0011 | ETX | DC3 | # | 3 | C | S | c | s |
| 0100 | EOT | DC4 | $ | 4 | D | T | d | t |
| 0101 | ENQ | NAC | % | 5 | E | U | e | u |
| 0110 | ACK | SYN | & | 6 | F | V | f | v |
| 0111 | BEL | ETB | ' | 7 | G | W | g | w |
| 1000 | BS | CAN | ( | 8 | H | X | h | x |
| 1001 | HT | EM | ) | 9 | I | Y | i | y |
| 1010 | LF/NL | SUB | * | : | J | Z | j | z |
| 1011 | VT | ESC | + | ; | K | [ | k | { |
| 1100 | FF | FS | , | < | L | \ | l | \| |
| 1101 | CR | GS | - | = | M | ] | m | } |
| 1110 | SO | RS | . | > | N | ^ | n | ~ |
| 1111 | SI | US | / | ? | O | _ | o | DEL |

**ASCIIコード・コード表**

二進法の数字を文字や色に割り当てたいとき、何桁までの数字を使うかで、いくつのものを区別できるかが決まるんですね。

こんなふうに、**文字などの情報に、1と0だけからなる二進法の数字を割り当てることを、「コード化」**っていうんだ。そして、**Aを表す「1000001」**みたいに、情報を表す数字は「コード」と呼ばれる。
　ところで、「ビット」とか「バイト」って単位を聞いたことあるかな？

 ある気がします。メガバイトとかギガバイトとか。

　まず、**ビットというのは、二進法の1桁、つまり「1」か「0」で表せる情報の単位**だよ。**バイトは、二進法の8桁で表せる情報の単位**だ。8桁だから8ビットに相当する。

 何で「8」で1単位なんですか？　中途半端な気がしますが。

　うーん、いろいろ理由はあったみたいだけど、バイトというのはもともと「英語の文字を表すのに使うビットのグループ」として導入されたみたいだ。

 でも、さっき、英語の文字を表すには7桁で足りるってことになりませんでしたっけ。

　昔は7桁を1バイトとしたり、6桁を1バイトとしたりすることもあったらしいよ。でも、だんだん8桁を1バイトとして扱う機器が広く使われるようになったりして「8桁」が標準になったみたいだ。さっきのASCIIコードも、全部の文字を区別するだけなら7桁で足りるけど、もう1桁加えて8桁で表現することが多い。1桁

ここがポイント

文字や色などの情報に二進法の数字を割り当てることを、「コード化」というんですね。

余裕があると、間違いをチェックするのに使えたりして、けっこう都合がいいみたいだよ。

ところで、「ASCIIコード」には、日本語の文字は入っていないんですか？

　ASCIIコードは、英語のキーボード上の文字を表すためのコードだから、日本語の文字のためのコードは入っていない。日本語の文字のコード化にはASCIIコードとは別の、日本語用のコードを使う。

ええっと、言語ごとに違う「コード」があるんですか？

　言語ごとに違うというよりも、用途や歴史的な事情によっていろいろな「コード体系」——つまり「コード化の仕方」があるんだ。日本語の文字用の「コード化の仕方」にも、Shift_JISとか、EUC-JPのように、いくつか違うやり方があるし。日本語の文字には漢字などもあるので、コード化するには1バイト（8桁の2進法の数字、つまり8ビット）では足りない。

　たとえば、Shift_JISでは、かなや漢字やその他の全角文字に、2バイトのコードを割り当てている。

プラスα！
ちなみに、バイトという言葉を初めて使ったのは情報科学者のWerner Buchholzで、ビットとの混乱を避けるために使われたらしいよ。彼はバイトを「文字をコード化するのに使うビットのグループ」と説明しているよ。

ここがポイント
情報の「コード化」の仕方は1通りではなく、いろんな方法があるんですね。

> 2バイトっていうことは、1バイトが8桁だから……16桁ですか？ということは、2の16乗個の「コード」が使えるんですね。ええと、2の16乗って……65536個ですか。これだけあれば、ひらがな、カタカナ、漢字が入っても大丈夫な気がします。でも、たくさんの違う「コード化の仕方」があるって、不便そうな気もします。

　確かにね。たまにメールの本文とか、文書とかが「文字化け」したりするでしょ。あれが起こる理由の一つに、文書を書くときに使ったコード体系と、読むときに使うコード体系が一致しないというのがある。

> 私、文字化け、怖いです。何が書いてあるかわからなくって。いっそのこと、世界中のすべての文字を置き換えられる「コード化の方法」を作れば、文字化けがなくなるんじゃないですか？

　もちろん、そういうことを考えている人たちがいるよ。Unicodeっていうコード体系があるんだけど、それはたった1つのコード体系で、世界中のすべての文字を置き換えようというものだ。
　でもね、世界中の文字を置き換えようとすると、それだけ大きな桁数の、長いコードを使わなければならなくなる。一つひとつの文字に割り当てられるコードが

長くなると、コンピュータで処理したり、送信したり受信したりするのに時間がかかって不便だ。

　それにUnicodeでは、文字数を極力減らすために、日本・韓国・中国で共通して使われる漢字を「まとめてしまい」、共通のコードを割り当てるということもしている。これは一見いいアイデアに思えるかもしれないけど、日本で使われる漢字と、韓国や中国で使われる漢字は、よく見ると字体がかなり違うことがある。Unicodeではそういう違いをうまく扱えないことがあるんだ。

一つにまとめてしまうというのも、いいことばかりではないんですね。

## 色を数字で表す

　コンピュータでは、色の情報も二進法の数字に置き換えられるよ。ピクセルって聞いたことある？

ぴくせる……？　わかりません。

　コンピュータで写真とか絵を見たことはあるでしょう。コンピュータでみられる画像はね、「色のついた小さい四角い点」の集まりなんだ。この小さい四角を「ピクセル」という。写真をどんどん拡大していくと、どんなふうに四角が集まっているか見られるよ。

コンピュータでみられる画像は、色のついた小さい点（ピクセル）の集まりなんですね。

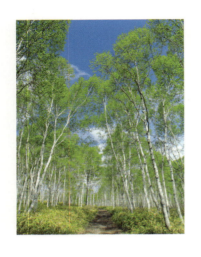

一部を拡大

　この小さな四角の「色」を何種類区別するかによって、画像の見え方は変わってくる。そして、「ピクセルの色を何種類区別するか」っていうのは、「ピクセルの色を、どれほど多くの二進法の数字で表せるか」によるんだ。

 文字だけじゃなくて、色も数字になっちゃうんですね。

　もし色のコード化に使えるのが、1ビット、つまり「1」か「0」かの2つの数字だけだったら、2種類の色しか区別できない。たとえば「1」を黒、「0」を白にすれば、白黒画像になる。中間の「グレー」はもちろんないから、こんな感じになるね。

 うーん、なんか味気ないですね。

白黒画像

プラスα！
フルカラー画像で区別される色の数（1677万7216色）は、人間の目が識別できる色の数よりもはるかに多いそうだよ。

50

第 3 章　数字による情報の表現

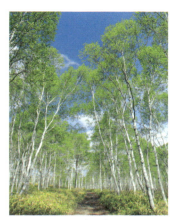
256色画像

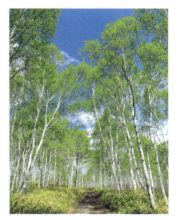
フルカラー画像

でも、もし1バイト、つまり8ビット使えるなら、256色を区別することができる。

 256色も？　けっこう多いですね。

まあ、色鉛筆だったら256色はとんでもなく多いけど、コンピュータの画像だったら、色が少ないほうだよ。これは、256色画像。

 自然できれいだと思いますよ。

こっちの画像と比べてごらん。

 うーん、あんまりわからないけど、ちょっとだけ、こっちのほうがきれいかもしれません。

この画像は「フルカラー画像」と呼ばれるものだ。3バイト、つまり24桁の数字を使って、色を区別できる。

 24桁、っていうことは、2の24乗個の色を区別できるっていうことですか？

そうだよ。1677万7216色だね。

 すごい！

第1部　数字で情報を表す

51

## 音はどうやって表す？

文字、画像、とみてきたけど、音も二進法の数字で表されるよ。

 え？　音も、ですか？

コンピュータで音楽とか、聞いたことあるよね？　コンピュータで文字や画像だけでなく、音も扱えるのは、音も「1」と「0」からなる数字で表すことができるからだよ。

 でも、音って文字や色と違って、目に見えないですよね。そんなものを、どうやって数字で表すんですか？

ではまず、「音」そのものについて考えてみよう。今僕が君に向かって話しているこの声は、もともとは僕が、喉のあたりにある「声帯」を震わせて起こした「振動」だ。この振動が、空気の圧力を変化させる。空気の圧力の変化は、「波」として君の耳に伝わる。この波を「音波」というんだ。声だけじゃなくって、他の音も同じだよ。**ものとものとをぶつけると音がするのは、ぶつかったときの振動が、音波として空気中を伝わるからだ。**

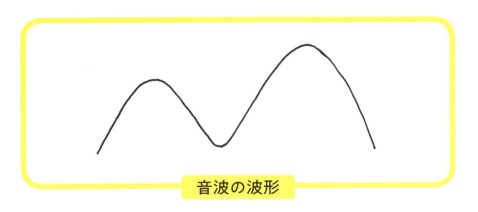

音波の波形

なるほど。音っていうのは波なんですね。

そして、音が「どんな音か」っていうのは、音波がどんな形をしているかによって決まるんだ。

たとえば、音波の波が速く上がったり下がったりする場合は、ゆっくり上下する場合に比べて、高い音になる。また、音波の波が大きいほど、大きな音になる。音を再現するには、音波の特徴をなんらかの形で記録して、それと同じ形の音波を作り出せればいい。コンピュータで音を扱えるのは、この「音の波の特徴」を数字で記録しているからだ。そのためには、まず波を、一定時間ごとに「輪切り」にするんだ。

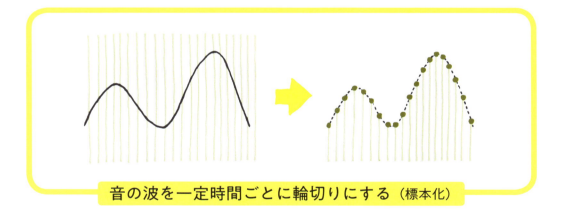

音の波を一定時間ごとに輪切りにする（標本化）

そして、上のように、縦に輪切りにした「切り口」の高さの数値を読み取るんだ。これを、「標本化」あるいは「サンプリング」という。

サンプリング……。この前、「やっきょく」で「けしょうひんのサンプル」を配っていましたけど、そういうのと関係ありますか？

ああ、化粧品のサンプルは、「こういう化粧品ですよ。ためしに使ってみてください」ということで、「ちょっとだけ」もらえるんだよね。商品をまるごとそのままくれるんじゃなくて、「小分けにしてちょっとずつ」くれるところが、音のサンプリングと似ているかもしれないね。音のサンプリングでも、波の特徴を「まるごとそのまま」記録するわけではなくて、あくまでも「小分けにしてちょっとずつ」記録している。

でも、記録されるのは、切り口のところの波の高さだけなんですね？　だとしたら、切り口以外の場所はどうなるんですか？　記録されないんですか？

　そうだよ。切り口以外のところは記録されない。だから、その部分の情報は「落ちる」。つまり、記録されるのは「波まるごと」ではなくて、一定時間ごとに輪切りにした「とびとびの」情報なんだ。ただし、その「輪切り」はとても細かい。たとえばCDの場合、1秒間におよそ44000回、サンプリングを行っているよ。

それだけ細かければ、大丈夫な気がしてきました。

　でも、音の波を「二進法の数字」に置き換えるために、さらにもう1つ、「下ごしらえ」が必要なんだ。それは、この切り口から読みとった値を、「キリのいい数」に置き換えるということだ。つまり、今度はグラフを「横に輪切りに」するんだ。

音っていうのは「波」で、どんな音かは波の形によって決まるんですね。

横に輪切り？

うん。というのはね、サンプリングで縦に切った「切り口」から読み取った数値は、たいてい1.352389とか、6.756みたいに、小数点以下の値がたくさんついたものであるはずで、1とか8とかみたいな「キリのいい値」はほとんどないはずだ。中には、8.7943225……とか、12.3333333……みたいに、小数点以下の値が無限に続くものだってあるだろう。こういう中途半端な値をね、近くてキリのいい値に置き換える。これを、「量子化」という。

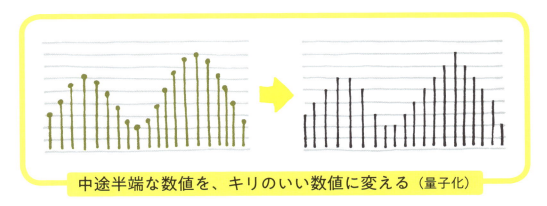

中途半端な数値を、キリのいい数値に変える（量子化）

 なんで、わざわざそんなことをしないといけないんですか？

ここで忘れちゃいけないのが、僕らが情報を表すために使っている「二進法の数字」は、長さ、つまり桁数に限りがある、ということだ。8.7943225……とか、12.3333333……みたいな中途半端な数をそのままコンピュータに入れようとする

---

ここがポイント
音を二進法の数字に変えるときは、音の波を縦に輪切り（サンプリング）したあと、横に輪切り（量子化）するんですね。

と、「無限に長い数字」が必要になる可能性がある。でもそんなものは、コンピュータに入らない。だって、そういうものをコンピュータに入れようとしたら、無限の時間がかかってしまうからね。だから、どこかでキリのいい数字にして、「長さの限られた数字」で扱えるようにする必要があるんだ。音楽の場合、波の高さの情報はふつう、16ビット、つまり16桁の二進法の数字で表わされるよ。

16桁の二進法の数字っていうことは……ええと、2の16乗個のものを区別できるってことでしょうか。

　65536個だね。つまり単純に考えれば、波の高さを「65536段階で表現することができる」ということだ。

波の高さを65536段階で表すのは、けっこう細かい気がしますけど、「正しい記録」ではなくなってしまうのが気になりますね。まず「縦に輪切り」にしたときに切り口以外のところの値が落ちて、その上、横に輪切りにして、「中途半端な値をキリのいい値に変える」んでしょう？　下の図を見ると、やっぱり、元の波とはかなり違ってしまうように思えます。

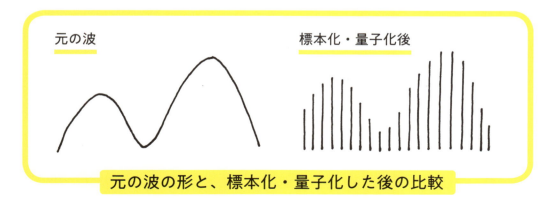
元の波の形と、標本化・量子化した後の比較

## デジタルとアナログの違い

　確かに、二進法の数字で音の波の特徴を記録しようとすると、どうがんばっても、落ちてしまう情報がある。

　標本化と量子化をどんなにきめ細かくしても、数字で表そうとするかぎり、もとの音の特徴を「切れ目なく」再現するのは無理だ。ただ、二進法の数字に置き換えるという方法以外なら、「切れ目なく」再現する方法があるよ。

　　　え？　それはどんなのですか？

　「アナログ回線」の電話って聞いたことある？　アナログ回線の電話は、こっちがしゃべった音を電気に変換する。そのとき、音波の強弱を、電気の波の強弱として伝えるんだ。そして相手の電話機では、その電気の波の強弱がもう一度音波の強弱に変換されるから、相手にはきちんと僕の声が伝わる。

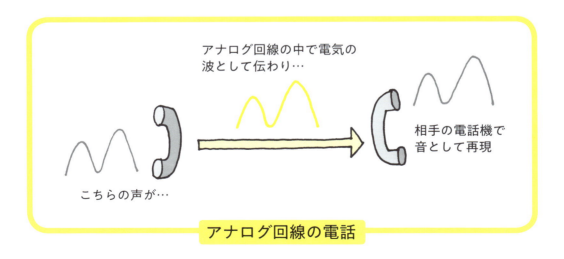

アナログ回線の中で電気の波として伝わり…

相手の電話機で音として再現

こちらの声が…

**アナログ回線の電話**

アナログ回線の電話では、音波をまるごと「電気の波」（連続的な電気信号）に変換している。
　だから、アナログ回線の電気信号は、連続して切れ目のない音波の形を「連続して切れ目なく」伝えられるんだ。

へえ、「あなろぐ」って、すごいんですね。でも、「あなろぐ」っていうのは、「古い」とかいう意味ではないんですか？　私はこの前、「俺はアナログ人間だから、新しいもんはわかんねーんだ」って言っているおじさんを見ましたけど。

　ええとね、アナログっていうのはね、「古い」っていう意味ではなくて、情報の表し方の一種なんだよ。<u>「連続的な量」を、別の「連続的な量」を使って表すのが、「アナログ」</u>だ。

連続的な量……？

　<u>連続的な量っていうのは、「その量を表す最小の正の値が存在しない」ような量</u>のことだよ。つまり、0より大きい数で、その量を表す一番小さい数がない、ということだ。

すみません、ますますわかりません。

　ええとね、たとえば「長さ」は「連続的な量」だ。なぜなら、「長さ」を表す最

---

プラスα！
ちなみに、「糸電話」で相手の声が聞こえるのは、音の波がそのまま「糸の震え」に変わって伝わるからだ。これも「連続的な量」（音の波）を「別の連続的な量」（糸の震え）に変換しているから、「アナログ」の一例だね。

小の正の値は存在しないから。

 え？　1ミリメートルは、一番小さい長さじゃないんですか？

　違うよ。0.1ミリとか0.01ミリとか、もっと小さい値があるからね。もっと言えば、0.0000000001ミリとか0.000000000000000000000001ミリはさらに小さいけれど、これらより小さい値はある。もっと小さい値を探しても、さらに小さい値が無限に出てくる。
　つまり、「一番小さい値」は「ない」んだ。

 でも、0.00000……（無限の0の連続）……1っていうのは？　これは一番小さいんじゃないですか？

　それより小さい値はやっぱりあるよ。その10分の1の長さ、100分の1の長さ、100000000分の1の長さ……と無限に考えられるでしょ？

 でも、それは単に「見つけられない」っていうだけではないですか？　見つけられないから「ない」って言うのはおかしいと思います。妖精の世界でそういうことを言うと、先生や親に「あきらめるな！もっと粘り強く探せ！」って怒られます。

　ははは。もちろん、普段の生活でものを探しているときに「見つけられない」っていうのは、「ない」ということにはならないよね。でもね、今見つけようとしている「一番小さい値」っていうのは、「これ以上小さい値は見つかりません」という値のことだよ。そう考えると、さっき見たように、ありとあらゆる値について「それより小さい値が必ず見つかってしまう」のだから、やっぱり「一番小さい値は存在しない」ということになる。

ええと……では、「一番小さい長さ」っていうのは、やっぱりないんでしょうか。なんか、気持ちが悪いですけど。

　そういう「連続的な量」には、長さだけではなくて、物の大きさや、重さや、高さ、広さ、角度なんかも含まれる。あと、明るさとか暑さとか、音の大きさ、時間の長さとか、<u>自然界にある多くの量は、連続的な量</u>だ。連続的な量は、数で正確に表そうとすると無限の長さの数字でしか表せないことがほとんどだ。たとえば、半径が１cmの円の円周の長さとか、１辺が１cmの正方形の対角線の長さなんていうのは、小数点以下が永遠に続く。これらは分数によっても表すことができない。

ふーむ。私の今の身長も、本当に正確に測ろうとしたら、もしかしたら小数点以下が無限に続くような長さかもしれませんね。

　たぶんそうだろうね。で、「アナログ」の話に戻るね。アナログ回線の電話は、連続的な「音の波」を、「連続的な電気の波」を使って表す。だから、この情報の表し方は、「アナログ」だ。
　ほかにも、たとえば「時間」を２本の針の「角度」で表す時計だとか、「気温」を「細い管に入った液体の体積（長さ）」で表す温度計、「音波」を「溝の形」で記録するレコード、光の明るさや色をそのままフィルムに焼きつけるアナログカメラなんかがある。
　「アナログ」に対して、「デジタル」っていう言葉がある。これは聞いたことあるかな？

---

**ここがポイント**
「連続的な量」っていうのは、「その量を表す最小の正の値が存在しない」っていうことなんですね。

第 3 章　数字による情報の表現

もちろんです。デジタルカメラとか、デジタル時計とか。

　デジタルっていうのは、「連続的な量」を、数字を使って表すことだ。もっと正確に言えば、数字を含め、「互いに区別できる２つ以上の状態」を使って表すことなんだけどね。さっきみた、音の波を細切れにして二進法の数字で表すようなやり方は、「デジタル」なんだ。数字で表すといっても、さっきも言ったように、無限に長い数字は使えない。だから、長さや時間などの連続的な量を「有限の桁数の数字」で表している場合、それは「キリのいいところで細かい値を切り捨てた、とびとびの値」になっている。そういう値を、「近似値」って言うんだ。

そうですか。デジタルって新しくていいものだと思っていましたけど、今聞いた話だと、アナログの方がよさそうな気がします。だって、元の情報を捨てないで記録できますから。

　アナログにはそういう利点があるから、音楽でも写真でも、こだわる人は「やっぱりアナログがいい」って言うことがあるよね。でもね、デジタルにも大きな利点がある。まず１つ目は、今までみてきたように、文字だろうと画像だろうと音だろうと、また映像だろうと、全部二進法の数で表せるから、どれもコンピュータで扱える。ひと昔前は、撮った写真を見るには、カメラで撮ったフィルムを「現像」しなければならなかった。音楽を聴くなら、レコードプレーヤーを使わなければならなかった。それぞれ違う道具が必要だったんだよね。

---

プラスα！
「デジタル」っていうのは、「連続的な量」を、連続的でない「とびとびの値」で表すことだ。「長さに限りがある数字」は「連続的でない値」の一例だよ。

なるほど。今ならコンピュータで書類も作れるし、写真も見られるし、音楽も聞けて、動画も観ることができますね。全部1つの機械で済むから、便利です。

　それからデジタルには、情報の質が劣化しにくいという利点もある。アナログな情報は、長い時間が経ったり、情報のコピーを繰り返したりすると、質が劣化することがよくある。たとえば、レコードの溝なんかは、時間が経ったり環境が変化したりすると、壊れてしまったり、形が変わってしまったりする。それに対して、デジタルな情報は基本的に「数字」だから、失われにくい。

なるほど。

　あとは、情報の編集だね。アナログな情報は、情報をいじるのが難しい。それに、一度いじってしまえば、元に戻すのが大変だ。これに対してデジタルな情報は、数字をいじれば編集できる。それに、数字を元に戻せば、いくらでも「元の状態」に戻れるんだよ。

それはいいですね！

　さて、これまでの話で、位取り記数法で表わされた二進法の数字で、さまざまな情報が表せること、わかってくれたかな？　長い歴史の中で発達してきた「数字」のおかげで、数だけでなく、文字や色、音などの情報も扱えるコンピュータが生まれることになった。今のコンピュータは「デジタル機器」だ。これは、「数字で表された情報を扱う機械」という意味だと理解してもらえたらいいと思う。

ありがとうございます。だいたい、わかりました。さっそく、妖精の世界に戻って、長老たちに報告して、「くらいどりきすうほう」とかを広めたいと思います。そして時間を一気に進めれば、コンピュータができるはずです。本当に、ありがとうございました。では、さようなら。このご恩は忘れません。

あ、帰っちゃった。うーん、今の話だけで、大丈夫かなあ？

コラム

# バビロニア数字と、ゼロの発明

バビロニア数字は、「位取り記数法」の数字のひとつだよ。これはとても古くて、紀元前1800年頃のものらしい。バビロニアでは六十進法を使っていたので、1から59まで、違う数字が割り当てられているよ。

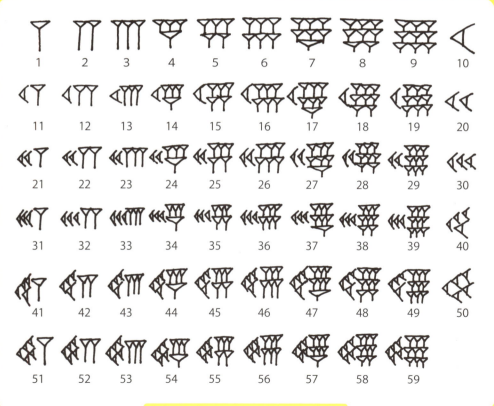

バビロニア数字（1〜59）

コラム　バビロニア数字と、ゼロの発明

たとえば、バビロニア数字で5810という数を表すと、次のようになる。

ええと、左からそれぞれ、1、36、50を表す記号が並んでいるわけですね。これがどうして、5810になるんですか？

バビロニアの数字ではね、60の累乗で「桁上がり」をするんだ。右から1番目の数字は「$60^0$」がいくつあるかを表し、2番目の数字は「$60^1$」をひと固まりとして、これがいくつあるかを表す。同様に、右から3番目の数字は「$60^2$」がいくつあるかを表す。右から1番目の数字　　は「50」に相当するけど、これは「$60^0$」、つまり1が50個あることを表しているんだ。右から2番目の数字の　　は、「$60^1$が36個ある」ことを意味している。つまり2160だね。
右から3番目の　　は「$60^2$が1個ある」ことを表しているわけだから、3600を表す。これらを全部足すと、5810になるよ。

第1部　数字で情報を表す

65

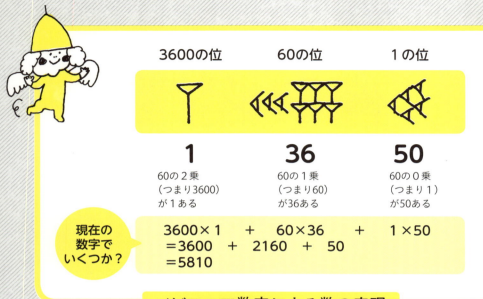

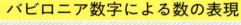

なるほどー。

バビロニア数字とアラビア数字には、もう1つ共通点がある。それは、「空位」を表す方法があることだ。アラビア数字は、21、210、201、2100を区別するために、「空位」を表せる記号、つまり「0」（ゼロ）を使う。バビロニアの数字でも、空位を表す記号があったらしいよ。

ゼロっていうの、人間の世界に来て、初めて知りました。「何もない」ことを表す数字があるなんて、面白いですね。

コラム　バビロニア数字と、ゼロの発明

うん。正確に言えばね、バビロニア数字にあったのはあくまで「空位」を表す手段で、僕らの数字の「0」とは完全に同じではないんだ。「0」は、もちろん「空位」を表せるけど、同時に0という数を表してもいる。

「ゼロという数」？　何もないってことが数なんですか？

0という数は、「1＋0＝1」とか、「1×0＝0」みたいに、計算することができる。つまり、れっきとした数だ。
これに対して、バビロニア数字の空白などは、本当に「場所取り」にだけ使われるもので、計算に使われる数を表すようなものではなかったそうだよ。数としての0の概念が誕生したのは7世紀、インドでのことだった。実はアラビア数字も、もともとインドで1～2世紀に発明されたらしい。それに0が加わって、どんな数でも表せるようになったというわけだ。

インドで発明されたんですか？　それなのに、どうして「アラビア数字」って呼ばれているんでしょう？

アラビア数字って呼ばれるようになったのは、773年にインドの天文学者がインドの数字をアラビアに伝えて、そのあとアラビアから世界に広まったかららしいよ。それまでアラビア人は、数字らしい数字をもっていなくて、言葉で表したり、征服した民族の数字をそのまま使ったり、数詞の頭文字を代用したりしていたんだって。でも、インドから数字を教えてもらったことで、アラビアの数学は飛躍的に発達したんだ。このあたりの歴史に興味がある人は、吉田洋一『零の発見』（岩波新書）を読んでみてね。

第1部　数字で情報を表す

## 数日後

## すみません。コンピュータ、どうやって、つくったんですか？

—— うわ！ また君か。
どうしたの？ 妖精の世界に
帰ったんじゃなかったっけ？

　帰りました。そして、長老たちと話し合って、とりあえず「えじぷと数字」をやめて、「くらいどりきすうほう」の数字に変えようってことになりました。そのあと、時間の神様にお願いして、時間を1000年ぐらい進めてもらいました。

—— ふむふむ。それで、どうなった？

　数学が、すごーく進みました。そしてそのおかげで、「かがくぎじゅつ」も、すごーく発達しました。これ、今の妖精の世界です。見てください。白黒で、色はついてないですけど。

—— あ、この前はおとぎ話の世界みたいだったけど、だいぶ進んだみたいだね。なんか、シャーロック・ホームズの時代のイギリスみたい。機関車が走ってるし、工場みたいなのも見える。しかもこれ、絵じゃなくて、写真なんだね。白黒だけど。

　はい。写真機も発明されました。街も、夜になったら、電気の明かりがつきます。自動車も、電話も、もうすぐできそうです。でも……コンピュータ、ありません。

—— いや、ここまで来たら、もうすぐじゃないの？

　いいえ。また神様にお祈りをして聞いてみたら、「コンママジャーコンピューターハーデキンゾー」というお告げをもらいました。「このままでは、コンピュータはできない」という意味だそうです。だから私、何が足りないのかを知るために、またここに来ました。教えてください。何が足りないんでしょう？

—— そんなこと言われても、困るなあ。あっ、そうだ。君、さっき、「数学が、すごーく進んだ」って言ってたけど、「論理学」は進んだ？

　えっ？　ろんりがくって、何ですか？

――「論理学」っていうのは、大まかにいうと「正しい推論とは何か」について考える学問だよ。推論というのは、「すでに知っていることから、まだ知らないことを導くこと」。普段、誰でも頭の中でやっていることだ。

　はあ、「頭の中で考えること」についての学問ですか。よくわかりませんけど、そういうのは、妖精の世界にはないと思います。

――そうか、わかったぞ。それが、妖精の世界でコンピュータができない理由だ。

　その、ろんりがくっていうのが、コンピュータに関係あるんですか？

――そうだよ。人間の世界にはこれがあったから、「電気で計算を表す」ことができるようになった。これが、コンピュータの発明に不可欠だったんだ。

　それじゃあ、ぜひ、それについて教えてください。難しそうだけど、頑張って聞きます。

――そこまで難しくないから、そんなに鼻息を荒くしなくても大丈夫だよ。ではまず、「電気で計算を表す」ことがどういうことかについて説明するね。

第 2 部

# 電気で計算を表す

# 第 **4** 章　コンピュータでの足し算

## 二進法の足し算

　この前、コンピュータの内部では、数字 ——— つまり数を表す記号が、電気で表されることを話したよね。

　はい。この前は、数が1と0だけの「二進法の数字」で表されることを教わって、それから、その1と0が、電気のオンとかオフとかに置き換えられることを学びました。

　そのとおり。そこでさっそく計算の話に入るけど、コンピュータでは「数の計算」という操作も、電気の操作に置き換えているんだ。

　「電気のそうさ」……やっぱり、難しそうです。

　心配しないで。ここでいう「電気の操作」ってのは、誰でも普段からやっている電気の操作と同じだから。

　誰でもやっていること、ですか？　まさか、「電気のスイッチを入れたり切ったりすること」ではないですよね？

---

86ページの数を、データ置き場Aに置け。　　　72ページから90ページまでのこの部分は、第3部で使うよ！

第 4 章　コンピュータでの足し算

その「まさか」なんだよ。電気をつけたり消したりするだけで、計算ができるんだ。

本当ですか？　どうやったら、そんなこと、できるんですか？

まずは、「二進法で表された数の足し算」について、ちょっと慣れてもらう必要がある。次の計算をしてみて。

（1）　1 + 1 = ?
（2）　1 + 0 = ?
（3）　0 + 1 = ?
（4）　0 + 0 = ?

ええと、下のほうからやってみてもいいですか？
（4）の答えは、0。（3）は1。（2）も1です。（1）は、普通に考えたら「2」ですけど……。

二進法には「2」という数字がなかったことを思い出そうね。二進法で、2という数はどう表すんだったかな？

あ、思い出しました。「10」です。

そうだね。二進法は、2のn乗で桁上がりをする。十進法の2は、二進法の10だ。計算結果を、「足す数」「足される数」「答えの2桁目」「答えの1桁目」のように表にすると、以下のようになる。

87ページの数を、データ置き場Bに置け。

|  | 足す数 | 足される数 | 答えの2桁目 | 答えの1桁目 |
|---|---|---|---|---|
| (1)の足し算 | 1 | 1 | 1 | 0 |
| (2)の足し算 | 1 | 0 | 0 | 1 |
| (3)の足し算 | 0 | 1 | 0 | 1 |
| (4)の足し算 | 0 | 0 | 0 | 0 |

　こういうふうに表にまとめたのはね、<u>二進法の足し算では、「足す数と足される数が何であるか」に従って、答えの各桁の数字が決まる</u>ということを見てもらいたかったからだ。

　まず、答えの2桁目を見てみよう。答えの2桁目が1になるのは、足す数と足される数がどちらも1の場合だけだよね。それ以外の場合は0になる。

ふむふむ。これはちょっと、おもしろいです。

　そう？　ここでそういう反応がもらえるのはちょっと予想外だけど。

私の知り合いに、そういう妖精がいるからです。妖精の国でも、最近やっと「せんきょ」ができるようになりました。新しい決まりを作るとき、それに賛成か、反対かを「とうひょう」できるんです。でも、妖精の中には、まだ「どうやって決めていいのかわからない」と言う者がたくさんいます。私の知り合いのシンチョ・ウスギもそのひとりで、偉い長老2人が賛成しているか反対しているかを見て決めるんです。長老2人がどちらも賛成しているなら、賛成。どちらかが反対しているか、2人とも反対しているなら反対することにしているそうです。とても慎重です。本人は、そうしないと不安なんだって言ってました。

データ置き場Aの数に、データ置き場Bの数を足せ。

データ置き場Aの数を書き換えよう

## 第 4 章　コンピュータでの足し算

　あー、なるほどね。そういう、自分で考えない人の「決め方」と、二進法の足し算の2桁目の「決まり方」は似ているかもね。それじゃあ次は、答えの1桁目に注目するよ。こっちは、足す数と足される数のどちらか一方だけが1のとき、1になる。どちらも1のときと、どちらも0のときは、0になるよ。

　ふむふむ。そういう知り合いもいます。その妖精、バラン・スダイジは、2人の長老の両方が賛成することには「反対する」んだそうです。そのかわり、片方だけ賛成していたら「賛成」。本人は、「バランスが大事だから」って言ってます。ただ、両方が反対することは、いくらなんでも不安だから「反対する」って言っていました。

　なるほど。妖精2人と長老2人との関係と、二進法の足し算に見られる関係が同じ、というのはおもしろいね。表にすると、こうかな。

|  | 長老1 | 長老2 | とても慎重な妖精 | バランス重視の妖精 |
|---|---|---|---|---|
| 場合1 | 賛成 | 賛成 | 賛成 | 反対 |
| 場合2 | 賛成 | 反対 | 反対 | 賛成 |
| 場合3 | 反対 | 賛成 | 反対 | 賛成 |
| 場合4 | 反対 | 反対 | 反対 | 反対 |

　こんなふうに、妖精の中には、「他の人がどうするかに従って、自分の行動を決める人」がいる。足し算には、「足す数と足される数が何であるかに従って、答えの各桁の数字が決まる」という面がある。そして、<u>コンピュータの中には、「他の場所の電流が流れているかどうかに従って、電流が流れるかどうかが決まるよう</u>

> データ置き場Aの数を、88ページに置け。

第 2 部　電気で計算を表す

な場所」を持った「電気回路」が入っている。コンピュータの足し算には、これが使われるんだ。

電気回路？

## 電気で1桁の足し算を表す：半加算器

　妖精の世界でも、今は電気を使っているんでしょう。電池と電球を線でつないで、電球を光らせたりしない？

ええ、します。

　ざっくり言えば、ああいうのが、電気回路だよ。コンピュータの中には、さっきの「とても慎重な妖精」にそっくりな回路と、「バランス重視の妖精」にそっくりな回路が入っている。それで、さっきの足し算を表すんだ。
　まずこれがAND（アンド）回路。XとYの両方に電流が流れているときだけ、Zにも電気が流れる。まるで、長老1、長老2と、「慎重な妖精」の関係みたいでしょ。

終了。

第 **4** 章 コンピュータでの足し算

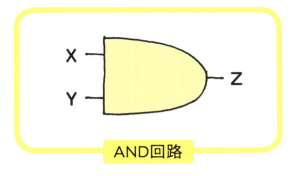

XとYの両方に電流が流れているときだけ、Zにも電流が流れる。それ以外のときには、Zに電流は流れない。

この回路の中身がどんなふうにできているかを簡単にイメージしたければ、とりあえず以下のようなものを考えるといいよ。2つのスイッチが1列に並んでいて、電球が付いているようなものをね。

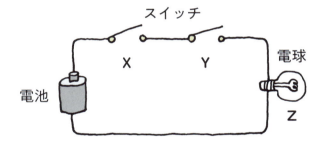

なるほど。XとYの両方のスイッチが入らないと、電球Zはつかないんですね。

次のXOR（エグゾア）回路は、XとYの両方がオンのときはZがオフ。XとYの両方がオフのときも、Zはオフ。XかYの一方だけがオンのとき、Zはオンになる。2人の長老と、「バランス重視の妖精」の関係に似てると思わない？

---

88ページの数を、データ置き場Aに置け。

第 **2** 部　電気で計算を表す

77

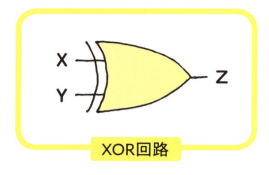

XとYのどちらか一方に電流が流れているときだけ、Zにも電流が流れる。それ以外のとき（XとYの両方に電流が流れているとき、XとYのどちらにも電流が流れていないとき）には、Zに電流は流れない。

 これも、電球とかスイッチとかで表せるんですか？

ちょっと複雑だけど、以下のようなものを考えるといいよ。

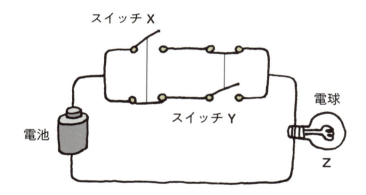

 ？？　これ、どうなっているんでしょう。

　この回路では、左上のスイッチXが細い棒で、左下のスイッチとつながっているんだ。また、右下のスイッチYも細い棒で、右上のスイッチとつながっている。

---

89ページの数を、データ置き場Bに置け。

第 4 章　コンピュータでの足し算

この回路でスイッチXを入れると、次の図みたいに、Xの下のスイッチが棒で押し下げられる。つまり、スイッチが切れてしまう。でも、電気はスイッチXとその右のスイッチを通って、電池から電球Zに流れる。だから電球が光るんだ。

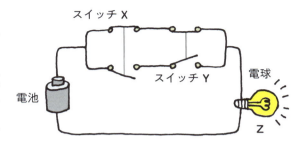

なるほど。逆に、スイッチXを入れずに、スイッチYを入れたら、どうなるんでしょう。

　次の図みたいになるよ。スイッチYを入れると、その上のスイッチが細い棒に引っ張られて、切れてしまう。
　でも、電気は下のほうの2つのスイッチを通ることができるから、電球まで流れるね。
　そして、スイッチXとスイッチYの両方を入れると、どうなるかわかるかな？

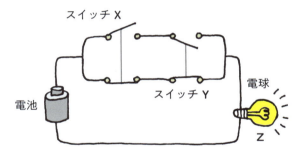

ええと……。スイッチXを入れると、それとつながっている下のスイッチが切れますね。スイッチYを入れると、それとつながっている上のスイッチが切れる。ということは、こんなふうになりますか？

0を、データ置き場Cに置け。

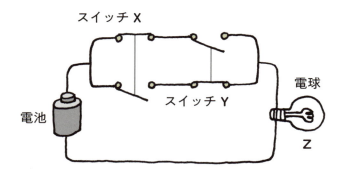

　そうだね。このとき、電気はスイッチXのほうを通ることもできないし、スイッチYのほうを通ることもできない。だから、電球はつかないんだ。

 なるほど。それで、「どちらか一方のスイッチが入っているときだけ、電気が流れる」ってことになるんですね。

　このXOR回路（バランス重視の妖精みたいな回路）と、さっきのAND回路（慎重な妖精みたいな回路）を、次のようにつなげる。すると、「半加算器（はんかさんき）」っていうのができるよ。

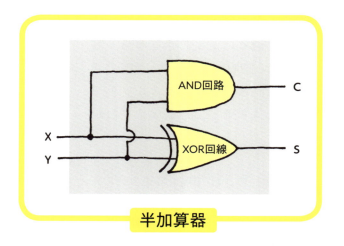

半加算器

---

データ置き場Aの数から、
データ置き場Bの数を引け。

 データ置き場Aの数を書き換えよう！ このとき、Aが0より小さいなら、掲示板Fに「マイナス」と表示される

# 第4章 コンピュータでの足し算

　この半加算器で、「X、Yの両方に電流が流れる場合」、「Xにだけ電流が流れる場合」、「Yにだけ電流が流れる場合」、「X、Yのどちらにも電流が流れない場合」、それぞれC、Sの電流はどうなるかな？　考えてみよう。

### 練習問題

|  | X | Y | C | S |
|---|---|---|---|---|
| 場合1 | (電流)流れる | 流れる |  |  |
| 場合2 | 流れる | 流れない |  |  |
| 場合3 | 流れない | 流れる |  |  |
| 場合4 | 流れない | 流れない |  |  |

ええと、Cのほうから考えてみますね。AND回路から出ているCには、X、Yの両方に電流が流れるときだけ、電流が流れるんでしたね。つまり、場合1のときはCには電流が流れて、他の場合（2〜4）は流れない。だから、表は次のようになりますね。

|  | X | Y | C | S |
|---|---|---|---|---|
| 場合1 | (電流)流れる | 流れる | 流れる |  |
| 場合2 | 流れる | 流れない | 流れない |  |
| 場合3 | 流れない | 流れる | 流れない |  |
| 場合4 | 流れない | 流れない | 流れない |  |

特に指定がない限り、命令があるページは1ずつ増えるから、「マイナス」と表示されていなかったら、次へ進もう

掲示板Fに「マイナス」と表示されていたら、84ページへジャンプせよ。

次に、Sのほうを考えます。XOR回路から出ているSは、X、Yのどちらか一方だけに電流が流れているときだけ、電流が流れる。つまり、場合2、3のときには電流が流れて、他の場合（1、4）には流れないんですね。

|  | X | Y | C | S |
| --- | --- | --- | --- | --- |
| 場合1 | (電流)流れる | 流れる | 流れる | 流れない |
| 場合2 | 流れる | 流れない | 流れない | 流れる |
| 場合3 | 流れない | 流れる | 流れない | 流れる |
| 場合4 | 流れない | 流れない | 流れない | 流れない |

　正解だ。前に、コンピュータは「電流が流れている状態」と「流れていない状態」の2つの状態を区別できるから、二進法で情報を表したほうが都合がいいっていう話をしたよね。「電流が流れる」「流れない」をそれぞれ1、0に書き換えると、さっきの足し算の表になる。

|  | X | Y | C | S |
| --- | --- | --- | --- | --- |
| 場合1 | 1 | 1 | 1 | 0 |
| 場合2 | 1 | 0 | 0 | 1 |
| 場合3 | 0 | 1 | 0 | 1 |
| 場合4 | 0 | 0 | 0 | 0 |

 ええっと、XとYが「足す数と足される数」、Cが「答えの2桁目」、Sが「答えの1桁目」になるんですね。この表を「式」に直すと、こうですね。

---

データ置き場Cの数を、1増やせ。

 データ置き場Cの数を書き換えよう

第 **4** 章 コンピュータでの足し算

```
1 + 1 = 1 0
1 + 0 = 0 1
0 + 1 = 0 1
0 + 0 = 0 0
```

本当だ。ちゃんと、二進法の足し算になっています。

つまり、まとめると、こういうことですか？「半加算器」の、XとYに足したい数を入れる。つまり1なら電流を流す、0なら電流を流さないようにする。答えは、CとSの場所に電流が流れているかどうかを見ればいい。「CS」の組み合わせが、足し算の答えになっている、と。

　そのとおりだよ。電気回路を使って、二進法の足し算を表現できるっていうのは、なんとなくわかったかな？
　そんなに難しくないでしょう。

そうですね。でも、今見たのは、二進法の1桁の数の足し算だけですね。11＋1とか、10＋11とかは、どうするんでしょう。

80ページへジャンプせよ。

第 **2** 部　電気で計算を表す

## 電気で2桁以上の足し算を表す：全加算器

　2桁以上の数の足し算をするには、さらに大きな回路を作る必要があるんだ。といっても、さっきの半加算器に、半加算器をもう1つと、OR回路を組み合わせるだけなんだけどね。

 OR回路って、どんなのですか？

　OR回路は、XとYの両方がオンか、少なくとも片方がオンだったら、Zもオン。XとY両方オフのときだけ、Zもオフになるような回路なんだ。

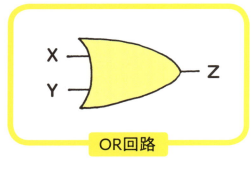

OR回路

XとYの両方、またはどちらか一方に電流が流れているとき、Zにも電流が流れる。
XとYのどちらにも電流が流れていないときには、Zに電流は流れない。

　電池と電球で表すと、右のような感じだね。

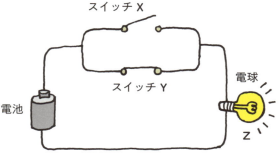

---

データ置き場Cの数を、90ページに置け。

第 4 章 コンピュータでの足し算

なるほど。この「かいろ」は、「自分ひとりだけじゃ不安な人」って感じですね。もし、こういう妖精がいるとしたら、2人の長老のうちひとりでも賛成したら、自分も賛成するっていう感じでしょうか。

そういう感じかもしれないね。あとは、もう1つ半加算器があれば完成。これを次のように組み合わせる。

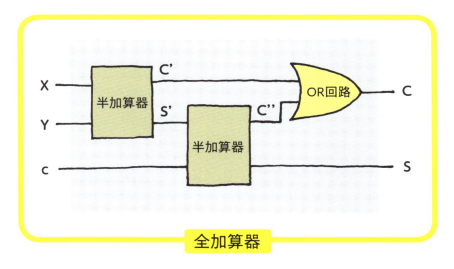

全加算器

これを「全加算器（ぜんかさんき）」という。

うわあ、複雑です。

これが、2桁以上の数の足し算をするときに使われる回路なんだ。左側のX、Y、cのそれぞれに電流が流れる場合と流れない場合、回路の中のC'、S'、C"、そして右側のCとSの電流のパターンは次のようになる。

終了。

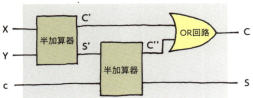

|  | X | Y | c | C' | S' | C'' | C | S |
|---|---|---|---|---|---|---|---|---|
| 場合1 | 流れる | 流れる | 流れる | 流れる | 流れない | 流れない | 流れる | 流れる |
| 場合2 | 流れる | 流れる | 流れない | 流れる | 流れない | 流れない | 流れる | 流れない |
| 場合3 | 流れる | 流れない | 流れる | 流れない | 流れる | 流れる | 流れる | 流れない |
| 場合4 | 流れる | 流れない | 流れない | 流れない | 流れる | 流れない | 流れない | 流れる |
| 場合5 | 流れない | 流れる | 流れる | 流れない | 流れる | 流れる | 流れる | 流れない |
| 場合6 | 流れない | 流れる | 流れない | 流れない | 流れる | 流れない | 流れない | 流れる |
| 場合7 | 流れない | 流れない | 流れる | 流れない | 流れない | 流れない | 流れない | 流れる |
| 場合8 | 流れない | 流れない | 流れない | 流れない | 流れない | 流れない | 流れない | 流れない |

**全加算器の電気の流れをまとめた表**

　そして、この前と同じように、電流が「流れる」「流れない」を、二進法の数字の1と0に置き換えたら、次のページの表のようになる。
　電流と数字の対応はこの前説明したから、今日はこれから、「回路のXの場所に電流が流れている」ことを「Xが1である」、「回路のXの場所に電流が流れていない」ことを「Xが0である」ということにしよう。

2

第 4 章　コンピュータでの足し算

|  | X | Y | c | C' | S' | C'' | C | S |
|---|---|---|---|---|---|---|---|---|
| 場合1 | 1 | 1 | 1 | 1 | 0 | 0 | 1 | 1 |
| 場合2 | 1 | 1 | 0 | 1 | 0 | 0 | 1 | 0 |
| 場合3 | 1 | 0 | 1 | 0 | 1 | 1 | 1 | 0 |
| 場合4 | 1 | 0 | 0 | 0 | 1 | 0 | 0 | 1 |
| 場合5 | 0 | 1 | 1 | 0 | 1 | 1 | 1 | 0 |
| 場合6 | 0 | 1 | 0 | 0 | 1 | 0 | 0 | 1 |
| 場合7 | 0 | 0 | 1 | 0 | 0 | 0 | 0 | 0 |
| 場合8 | 0 | 0 | 0 | 0 | 0 | 0 | 0 | 0 |

**全加算器の電気の流れを、数字の1（流れる）と0（流れない）に置き換えた表**

ええと……上の表はいったい、何を表してるんですか？　全然わからないんですが。

　ではまず、「c」（小文字のc、表の左から3つ目の列）が、0の場合を見てみようか。場合2、場合4、場合6、場合8だ。上の表から、その行だけ抜き出してみよう。

3

|  | X | Y | c | C' | S' | C'' | C | S |
|---|---|---|---|---|---|---|---|---|
| 場合2 | 1 | 1 | 0 | 1 | 0 | 0 | 1 | 0 |
| 場合4 | 1 | 0 | 0 | 0 | 1 | 0 | 0 | 1 |
| 場合6 | 0 | 1 | 0 | 0 | 1 | 0 | 0 | 1 |
| 場合8 | 0 | 0 | 0 | 0 | 0 | 0 | 0 | 0 |

　このとき、表の左端のX、Yと、表の右端の2列のCとSがどう対応しているかを見てみる。X＋Y＝CSという式に当てはめると、1桁の数どうしの足し算になっているね。これは半加算器の場合と同じだ。

> X、Yがそれぞれ1、1のとき、C、Sは1、0。
> X、Yが1、0のとき、C、Sは0、1。
> X、Yが0、1のとき、C、Sは0、1。
> そして、X、Yがそれぞれ0、0のとき、C、Sは0、0。
> 確かに、左側のcが0の場合だけ見たら、X＋Y＝CSが、1桁の数どうしの足し算になっていますね。なぜ、そうなってるんですか？　cが0だってことと関係ありますか？

　うん、あるよ。cっていうのは、「下の桁からの桁上がり」を表すんだ。つまりcが0のときは、「桁上がりがない」っていうことだ。1＋1や、1＋0みたいに、1桁の数字どうしを足す場合は、下の桁からの繰り上げはないよね。これは、cが0の場合に相当する。
　2桁以上の数の計算をするときは、このcが重要になってくる。<u>全加算器という部品は、1つで1桁分の計算をする</u>。だから、2桁以上の計算がしたければ、次のようにつなぐんだ。

5

第 **4** 章　コンピュータでの足し算

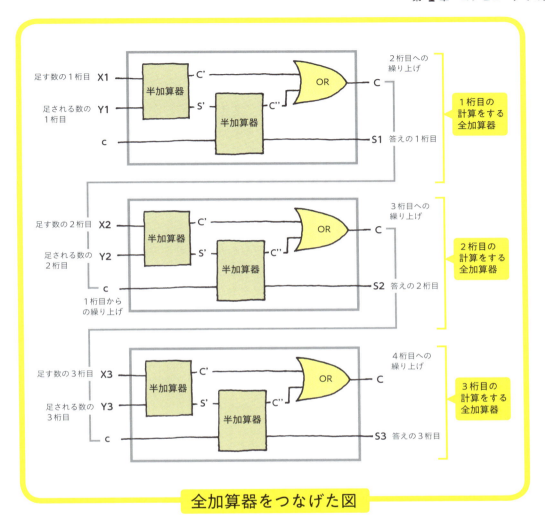

全加算器をつなげた図

　2桁の数の足し算をする場合、1桁目の計算をする全加算器の$X_1$と$Y_1$に、それぞれ、足す数と足される数の1桁目の数を入れる。2桁目の計算をする全加算器の$X_2$と$Y_2$には、足す数と足される数の2桁目の数を入れる。

そして、1桁目の計算をする全加算器から出てくるCが、2桁目の計算をする全加算器にcとして入る。計算結果は、答えの数の1桁目の数が$S_1$、2桁目の数が$S_2$として出てくる。つまり、$X_2 X_1 + Y_2 Y_1 = S_2 S_1$というパターンになる。
　もし3桁目まで桁上がりがあった場合は、答えの3桁目の数が$S_3$として出てくる。式で表すと、$X_2 X_1 + Y_2 Y_1 = S_3 S_2 S_1$になるかな。

……うわー。難しいです。

　一つひとつ見ていけば全然難しくないから、安心して。ためしに、二進法の数字の11＋1の計算をしてみよう。これは十進法では、3＋1の計算にあたる。足す数と足される数の桁数が揃っていた方がわかりやすいから、ここでは11＋01のように考えようね。
　まず、1桁目の計算をする全加算器を見よう。この全加算器の$X_1$と$Y_1$に、足す数と足される数の一桁目の数である、1と1を入れる。下の桁からの繰り上がりはないので、cは0だ。これは、さっきの「全加算器の電気の流れを数字1と0に置き換えた表」でいうと、「場合2」にあたる。だとしたら、C'、S'、C''、C、Sの数字はどうなるかな？

|  | X | Y | c | C' | S' | C'' | C | S |
|---|---|---|---|---|---|---|---|---|
| 場合2 | 1 | 1 | 0 | 1 | 0 | 0 | 1 | 0 |

ええと……、C'は1、S'は0、C''が0で、Cは1、Sは0になります。

　そうだね。これで、答えの1桁目がもう決まったね。$S_1$の「0」がそれだ。

2

第 **4** 章　コンピュータでの足し算

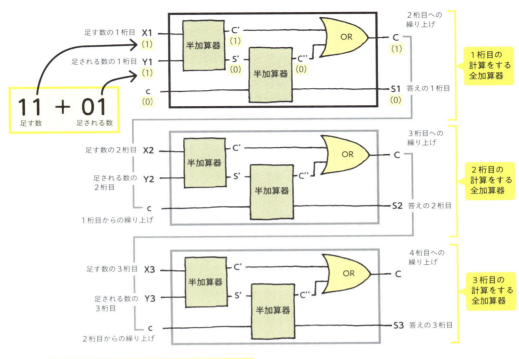

11+1の計算（1桁目が終わったところまで）

　次に、2桁目の計算をする全加算器を見よう。$X_2$と$Y_2$には、足す数と足される数の2桁目の数が入るので、$X_2$には1、$Y_2$には0が入る。

　そしてcには、1桁目のCが繰り上がってくるので、1が入る。これは、上の「全加算器の電気の流れを数字1と0に置き換えた表」のどの場合にあたるかな？

 ええと……$X_2$が1、$Y_2$が0、cが1だから……「場合3」ですか？

|  | X | Y | c | C' | S' | C'' | C | S |
|---|---|---|---|---|---|---|---|---|
| 場合3 | 1 | 0 | 1 | 0 | 1 | 1 | 1 | 0 |

　そうだね。電気は2桁目の全加算器を次のように流れて、最終的にはCが1、$S_2$が0になる。

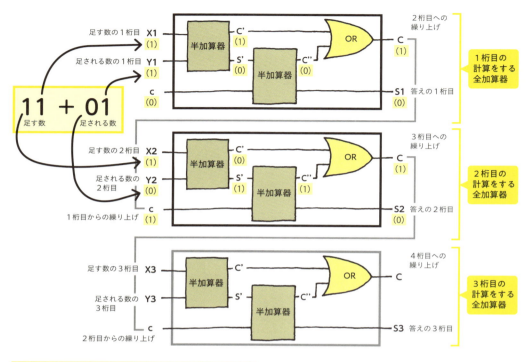

11＋1の計算（2桁目が終わったところまで）

　最後に、3桁目の計算をする全加算器を見よう。2桁目のCから繰り上がってきた1がcに入る。足す数と足される数はどちらも2桁までしかないから、$X_3$と$Y_3$には0が入る。これは、さっきの表でいうと、どの場合になるかな？

 ええと……X、Y、cがそれぞれ0、0、1だから、「場合7」ですね。

| | X | Y | c | C' | S' | C'' | C | S |
|---|---|---|---|---|---|---|---|---|
| 場合7 | 0 | 0 | 1 | 0 | 0 | 0 | 0 | 1 |

　そうだね。だから、$S_3$は1、Cは0になる。

第 **4** 章　コンピュータでの足し算

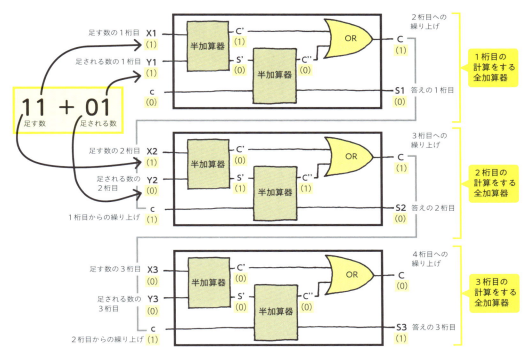

11＋1の計算（完了）

　これで、答えが3桁目まで出そろったね。

　計算結果を、$X_2 X_1 + Y_2 Y_1 = S_3 S_2 S_1$ という式に当てはめると、$S_3$ は1、$S_2$ は0、$S_1$ は0だから、11＋01＝100になる。二進法の11、01、100は、十進法に直すとそれぞれ3、1、4だ。だから、11＋01＝100は、十進法だと3＋1＝4になる。ちゃんと、答えが合っているね。

　本当だ……安心しました。でも、すごーく疲れました！

ここがポイント

　電気を使った足し算には、AND回路とXOR回路を組み合わせた「半加算器」、そして半加算器とOR回路を組み合わせた「全加算器」を使うんですね。

# 第5章 「電気による計算」までの旅路

## 論理学と数学の出会い：ブール代数

それにしても、電気で計算を表すというのは、よく思いつきましたね。妖精の世界でも、前に教えてもらった「くらいどりきすうほう」を持ち込んでから、数学は進んでいますし、電気の研究も進んでいます。でも、こういう計算のしかたは、誰も思いついていません。

　実は、人間の世界でこういうことができたのは、論理学の仕事の積み重ねがあったからだといえる。長い歴史の中で発達してきた論理学が、数学と出会い、そしてその数学が工学と出会った。その出会いの結晶の一つが、コンピュータなんだ。

論理学って、さっき言っていたやつですね。頭の中で考えることについての学問、でしたっけ。

　さっきも言ったように、論理学は「正しい推論とは何か」について考える学問だよ。そして推論というのは、「すでに知っていることから、まだ知らないことを導くこと」だ。

---

ここがポイント
論理学っていうのは、「正しい推論とは何か」について考える学問なんですね。

第 5 章 「電気による計算」までの旅路

うーん、そう言われても、推論っていうのがどんなものか、いまいちよくわかりません。

じゃあ、具体的に考えてみようね。たとえば、君が食べようと思っていたケーキを、誰かが食べてしまったとする。

犯人を捜したら、「犯人はお母さんか、もしくは妹である」ということがわかって、さらに調べたところ「犯人はお母さんではない」ということがわかった。

さて、犯人は誰でしょう？

当然、犯人は妹ですね。

そのとおり。言い換えると、「ケーキを食べたのはお母さんであるか、もしくは妹である」と、「ケーキを食べたのはお母さんではない」という2つのことが本当ならば、「ケーキを食べたのは妹である」という結論は必ず本当になる。これはいい？

前提1：**ケーキを食べたのは、お母さんか、妹である。**

前提2：**ケーキを食べたのは、お母さんではない。**

結 論：**ケーキを食べたのは、妹である。**

推論の例

素直に考えれば、そうですよね。でも、なんだか、「そんなの当たり前じゃないか」という気もします。

　そういう、みんなが「正しくて当たり前」と思うような「結論の導き方」が重要なんだ。正しくて当たり前な「正しい推論」を積み重ねていくことは、何か大切なことを決めたり、人とわかり合ったり、意見の違う人と折り合いをつけたりするときに強い力を発揮する。人間の世界には、大昔から、そのことを知っている人たちがいたんだ。
　そして、そのような「正しい推論」にいくつかの「パターン」があることを見いだしたのが、古代ギリシャの哲学者、アリストテレスだよ。

 ぱたーん？

　そう。「ケーキを食べたのはお母さんであるか、もしくは妹である」「ケーキを食べたのはお母さんではない」という前提から「ケーキを食べたのは妹である」という結論を導き出すことは、正しい推論のパターンに当てはまっている。ここでのパターンというのは、「Pか、もしくはQ。」と「Pではない。」という形をした２つの前提から、「Q。」という形の結論を導くパターンだよ。Pに「ケーキを食べたのはお母さん（である）」、Qに「ケーキを食べたのは妹（である）」を入れたら、さっきの推論になるね。

プラスα！
ここでいう「正しい推論」は、「前提が本当ならば、必ず結論も本当になる」タイプの推論のことで、正確には「演繹的推論」と呼ばれるものだよ。広い意味で「推論」と呼ばれるものの中には、前提が本当でも結論が本当になるとは限らないものもあるよ。

第5章 「電気による計算」までの旅路

### 推論のパターン

前提1：Pか、もしくはQ。

前提2：Pではない。

結論　：Q。

Pに「ケーキを食べたのはお母さんである」を入れる

Qに「ケーキを食べたのは妹である」を入れる

### 個別の推論

前提1：ケーキを食べたのはお母さんであるか、もしくは
　　　　ケーキを食べたのは妹である。

前提2：ケーキを食べたのはお母さんではない。

結論　：ケーキを食べたのは、妹である。

## 推論のパターンから個別の推論を導き出す

アリストテレス以来、「ある前提から、もしそれが本当ならば、必ず本当になるような結論を導く」ための「パターン」が追求されてきた。上の「Pか、もしくはQ。」と「Pではない。」から「Q。」を導くパターンの他にも、正しい推論のパターンはいくつもある。

たとえば、「すべての人間は死ぬ」「ソクラテスは人間である」という2つの前提から、「ソクラテスは死ぬ」という結論を導き出すものが有名だよね。これは、「すべてのPはQ。」「xはP。」という形の前提から「xはQ。」という結論を導くパターンだ。

プラスα！
ここで示した「ケーキの例」は「選言的三段論法」、「ソクラテスの例」は「普遍例化」と呼ばれる推論だよ。

第2部 電気で計算を表す

そして中世以降、知識階級の人たちはこういったパターンをいくつも学んで、しっかり覚えて、「議論で相手に勝つ」必要があるときに使ってきた。

では、そういうパターンをたくさん勉強するのが、「論理学」なんですか？

　長い間、論理学はそのような学問として捉えられていたみたいだよ。でも19世紀半ばに、ジョージ・ブールという人が現れて、論理学と数学がうまく結びつくことになる。

ええと、今までの話が、どうやって数学に結びつくんですか？

　ブールは、「ケーキを食べたのはお母さんであるか、もしくはケーキを食べたのは妹である」「ケーキを食べたのはお母さんではない」のような文を、ある方法で数式に置き換えれば、「計算」によって「正しい推論」を表現できることを示した。

ある方法って、どんなのですか？

　ええと、ためしにちょっとやってみるね。まず、前提1の、「ケーキを食べたのはお母さんであるか、もしくはケーキを食べたのは妹である」について考えてみよう。
　最初にこの文を、「『ケーキを食べたのはお母さんであるか、もしくはケーキを食べたのは妹である』ということは真である」と言い換えるよ。ちなみに「真」っていうのは、「本当である」っていうことを、ちょっと硬い言い方で言い換えたものだ。全体的にちょっと回りくどい言い方になったけど、文の内容は変わらない。
　そして、「ケーキを食べたのはお母さんである」「ケーキを食べたのは妹である」を、それぞれPとQという記号で表す。

第 5 章 「電気による計算」までの旅路

文を記号で表すんですか？　さっきも思ったけど、なんか変な感じですね。

　慣れないと変な感じがするかもしれないけど、文を記号に置き換えれば、文の中身に惑わされずに推論のパターンがよく見えるようになるんだ。だから、ちょっと我慢してね。
　次に、「〜か、もしくは〜」の部分、つまり英語でいえば"or"に相当する部分は、「＋」で表すことにする。
　そうすると、「ケーキを食べたのはお母さんであるか、もしくは（ケーキを食べたのは）妹である」はP＋Qで表わされる。

「＋」って、足し算の「プラス」ですか？

　本当は違うんだけど、とりあえずここでは、足し算のプラスのようなものだと考えていいよ。そして、「〜が真である」を「＝１」で表してみる。すると、「『ケーキを食べたのはお母さんであるか、もしくは（ケーキを食べたのは）妹である』が真である」ということは、P＋Q＝１という式で表わされる。

ふむふむ。

---

ここがポイント
文を記号に置き換えると、「推論のパターン」がよく見えるようになるんですね。記号は苦手だけど、頑張ります。

99

```
                                          元の文
                        言い換え    ケーキを食べたのはお母さんであるか、
                                    もしくはケーキを食べたのは妹である。

「ケーキを食べたのはお母さんである」  「ケーキを食べたのはお母さんであるか、
をPに置き換える                      もしくはケーキを食べたのは妹である」
                                     が真である
「ケーキを食べたのは妹である」
をQに置き換える                      「Pか、もしくはQ」が真である

「～か、もしくは～」を＋に置き換える   P＋Qが真である

「～が真である」を、「＝1」に
置き換える。                         P＋Q＝1
```

### 文を数式に置き換える（前提1）

　次に、「ケーキを食べたのはお母さんではない」を数式に変えてみよう。この文も、数式に置き換える前に、ちょっと「言い換え」をするよ。「ケーキを食べたのはお母さんではない」を、「『ケーキを食べたのはお母さんである』は偽である」に言い換える。

　「偽」っていうのは、「真」の反対ですか？

---

**プラスα！**
ここでは説明を簡単にするために、「～ではない」を直接「～は偽である」と言い換えているよ。もし、前提1とまったく同じ方法で数式への置き換えを行うなら、ここは「『ケーキを食べたのはお母さんではない』は真である」と言い換えるべきかもしれないけど、結果は同じになるよ。くわしくはあとで説明するね。

そうだよ。くだけた言い方をすると、「嘘」とか「間違い」みたいな感じだね。そして、さっきと同じように「ケーキを食べたのはお母さんである」をPに置き換える。最後に、「〜が偽である」を「＝0」に置き換えると、「P＝0」という数式が出てくる。

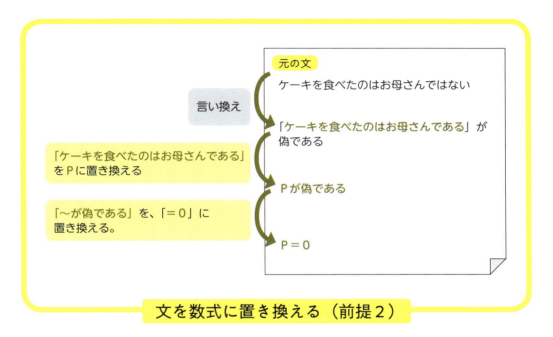

**文を数式に置き換える（前提2）**

さて、ここからは普通の数学の問題だ。P＋Q＝1であり、P＝0である場合、Qはいくつになる？

ええっと……。普通に解いちゃっていいんでしょうか。P＋Q＝1で、P＝0なんだから、えーと……Qは、「0を足したら1になる」ような数ですね。だったら、Qは「1」だとしか考えられないですね。つまりQ＝1でいいんですか？

そのとおり。そして、Qは「ケーキを食べたのは妹である」を表すんだったよね。Q＝1は、「Qが真である」を表すんだから、「『ケーキを食べたのが妹である』が真である」、という結果が出てきたことになる。

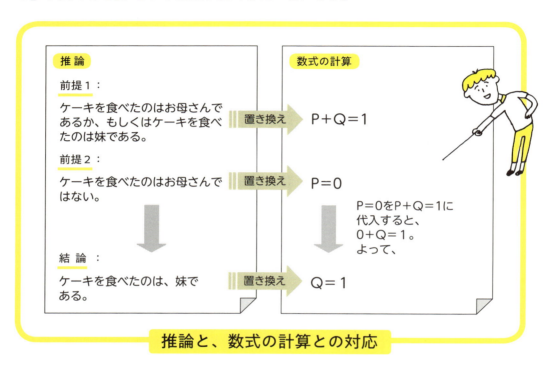

**推論と、数式の計算との対応**

あ、本当ですね。普通に式の計算をしただけなのに、さっきの推論の結果が出てくるんですね。ちょっと不思議です。

　ここで注意しておきたいのは、「〜か、もしくは〜」を置き換えた「＋」と、僕らが足し算のときに使う「＋」は、似ているけれど、完全に同じというわけじゃない、ってことだ。数の足し算の「＋」は、足す数と足される数の組み合わせによって、答えが以下のようになるよね。

第 5 章 「電気による計算」までの旅路

足し算の「＋」の場合

| P | Q | P + Q |
|---|---|---|
| 1 | 1 | 2 |
| 1 | 0 | 1 |
| 0 | 1 | 1 |
| 0 | 0 | 0 |

これに対して、「〜か、もしくは〜」に相当する「＋」は、以下のようになる。1＋1の結果に注目してみて。

orの表：「〜か、もしくは〜」に相当する「＋」の場合

| P | Q | P + Q（別の書き方ではP∨Q） |
|---|---|---|
| 1 | 1 | 1 |
| 1 | 0 | 1 |
| 0 | 1 | 1 |
| 0 | 0 | 0 |

 1 ＋ 1 が 1 になるんですか？　変ですね。

　変に思えるかもしれないけれど、ブールは「〜か、もしくは〜」の意味を表せるように、このような新しい「＋」を作ったんだ。ここでいう 1 と 0 は、文の内容の「真」と「偽」に対応している。つまりこれは、「正しい推論」を表すための「計算のしくみ」なんだ。今では、足し算の「＋」と混同しないように、「〜か、もしくは〜」による計算を表す記号としては「＋」ではなくて「∨」が使われることが多いね。

第 2 部　電気で計算を表す

103

では、単純に足し算だと考えてはいけないんですね。似ているけれど、違う計算だということですね。

　うん。いわゆる<u>数の足し算、引き算、かけ算、割り算などは「算術演算」</u>といわれている。これに対し、これまで見てきたような、<u>推論を表す計算は「論理演算」</u>といわれて区別される。論理演算の一つが、「〜か、もしくは〜」による計算だ。

ふむふむ。

　ブールはこのほか、「〜、そして〜」、つまり英語で言うと"and"に相当するものの「計算」についても考えているよ。こっちは、0と1のかけ算と同じように考えて問題なかったから、ブールは「×」という記号を使った。今では、混同を防ぐために、「∧」という記号を使うことが多い。

andの表：「〜、そして〜」に相当する「×」の計算

| P | Q | P × Q（別の書き方ではP∧Q） |
|---|---|---|
| 1 | 1 | 1 |
| 1 | 0 | 0 |
| 0 | 1 | 0 |
| 0 | 0 | 0 |

ここがポイント
数の計算である「算術演算」に対して、推論を表す計算は「論理演算」と呼ばれるんですね。

第5章 「電気による計算」までの旅路

　そしてもう一つ、「〜ではない」のように、英語の"not"に相当するものについても考えた。これは、andやorのように「2つの数をとって、答えとして1つの数を出すもの」と違い、「1つの数をとって、答えとして1つの数を出すもの」だ。

notの表：「〜ではない」に相当する「¬」の計算

| P | ¬P |
|---|---|
| 1 | 0 |
| 0 | 1 |

　さっきは、前提2の「ケーキを食べたのはお母さんではない」を「『ケーキを食べたのはお母さんである』は偽である」と言い換えてから数式に直したけど、よく見ると、前提1の数式への置き換えと一貫していなかったよね。

　つまり、前提1と同じようにするには、まず「『ケーキを食べたのはお母さんではない』は真である」と言い換えなくてはならなかったんだ。このとき、「〜ではない」を上の「¬」に置き換えて、「ケーキを食べたのはお母さん（である）」をPに置き換えると、「『ケーキを食べたのはお母さんではない』は真である」は、¬P＝1という数式に置き換えられる。上の表にみられるように、¬P＝1となるのは、P＝0のときだけだ。このことから、P＝0が導かれる。

　これら、and、or、notを使った「計算のしくみ」によって、僕らの推論の過程を表すことができる。このしくみは「ブール代数」と呼ばれているよ。そして、このことが、コンピュータの開発に大きな役割を果たすことになるんだ。

プラスα！

ブール代数を楽しく勉強したい人には、『スマリヤン先生のブール代数入門』（レイモンド・スマリヤン（著）、川辺治之（訳）、共立出版）がおすすめだよ。

第2部 電気で計算を表す

105

# 論理学と工学の出会い：論理回路

　ブールが「推論の過程を計算で表す」というアイデアを世に出したのは、19世紀中ごろのことだった。それからさらに時が経って、20世紀の前半に、さまざまな機械に「リレー」という部品が使われるようになった。そしてそのうち、「リレーを使った装置をどう作るか」という工学的な問題と、先ほど説明した「ブール代数」が出会うことになる。

えっと、「リレー」って何ですか？　人間の運動会で「100mリレー」を見たことがありますけど、関係ありますか？

　運動会のリレーとも通じるところがあるから、同じ名前で呼ばれているんだと思うよ。まず、装置のほうのリレーっていうのはね、電磁石を利用して、自動的にスイッチを入れたり切ったりする装置だよ。

「でんじしゃく」って、何ですか？　磁石なんですか？

　そうだよ。鉄なんかの棒に、電気を通す線をぐるぐる巻き付けて、電気を流すと磁石になるんだ。ただし、「巻きつけた電線に電気を流したときだけ」ね。電磁石っていうのは、こういう、「電気を流したときにだけ磁力が発生する磁石」のことだ。そして「リレー」っていうのは、電磁石とスイッチを次の図のように組み合わせたものだ。
　次のリレーで、「スイッチ2」はもともと入っていないんだけど、「スイッチ1」を入れたら電磁石に電気が流れて、磁力が発生する。すると「スイッチ2」が電磁石に引き付けられて、自動的にスイッチが入る。「スイッチ1」を切れば、「スイッチ2」はもとの位置に戻るから、切れる。

106

第 5 章 「電気による計算」までの旅路

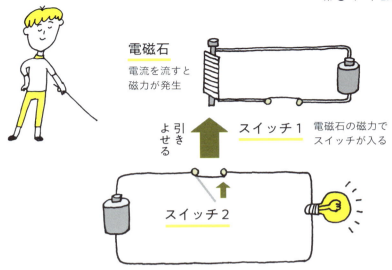

 なるほど。スイッチ1を入れたら、電磁石の磁力でスイッチ2も入るってことですね。

　リレーを使えば、大きな電流が流れる危険なスイッチや、遠くにあるスイッチを直接触らなくても操作できるから、便利なんだ。それに、1つのスイッチの操作だけで複数のスイッチを動かすこともできる。とても便利なので、今でも多くの製品に使われているよ。
　ただ、ここで重要なのは、リレーが「計算を表現できる」っていうことだ。リレーがただの便利な部品ではなく、計算に使えることが発見されたのは、1930年後半のことだよ。その頃、世界のいくつかの場所で、数人の優れた研究者がそれぞれ独自に「リレーを用いた装置の設計」と「ブール代数」との関係を発見した

ここがポイント
 「電磁石」っていうのは「電気を流すと磁力を持つ磁石」のことで、「リレー」は電磁石を使って電気のスイッチをコントロールする装置のことなんですね。

んだ。それが、さっき説明したような「二進法で表された数の計算を、電気のオン・オフの操作で行う」ということにつながったんだ。

　同じ発見が、偶然同じ時期に起こるということは、よくある話ですね。

　リレーとブール代数の関係を明らかにした業績の中で、一番有名なのは、アメリカのクロード・シャノンが1938年に書いた論文だ。彼は、リレーのスイッチの状態を1と0に対応させれば、ブールが考えたorの計算やandの計算をリレーで表せることを示した。

　たとえば、以下のようにスイッチをつなぐと、Ｚの場所に電流が流れるのは、ＸとＹの両方に電流が流れているときだけだね。電流が流れる状態を1、流れない状態を0とすると、Ｚに電流が流れるかどうかは、Ｘ×Ｙ（別の書き方では、Ｘ∧Ｙ）で求められる。

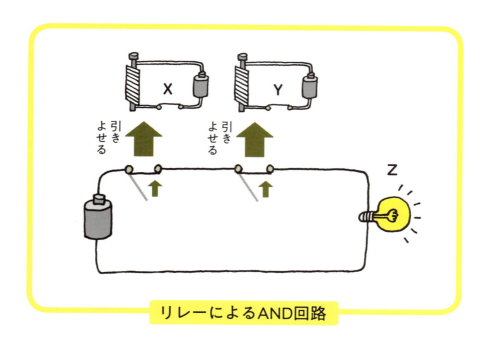

リレーによるAND回路

第 5 章 「電気による計算」までの旅路

ああ、これは前に見た、「とても慎重な妖精に似た回路」ですね。

　そうだよ。よく思い出したね。この考え方が、さっき見たAND回路につながっている。ブール代数のandの計算に従うから、AND回路だ。次に、以下のようにスイッチを並列につないだ場合を見よう。Zの場所に電流が流れるのは、XとYの少なくとも一方に電流が流れているときだけだ。電流が流れる状態を1、流れない状態を0とすると、Zに電流が流れるかどうかは、X＋Y（別の書き方では、X∨Y）で求められる。

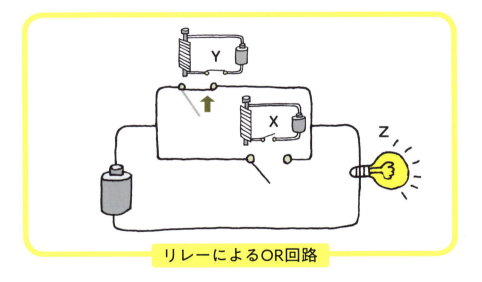

**リレーによるOR回路**

これは、OR回路でしたっけ。

シャノンの論文では、ここでの説明とは逆に、電流が流れる状態を0、電流が流れない状態を1に対応させているよ。

そうだよ。ブール代数のorの計算に従うから、OR回路だ。

 さっき見た、「バランス重視の妖精に似た回路」はどうなるんですか？

　XOR回路だね。これは、AND回路、OR回路と、もう一つの回路を組み合わせることで作れる。さっきのブール代数の話の中で、andの計算、orの計算のほかに、もう1つあったの、覚えているかな？

 えーと。すみません、忘れました。

　notの計算。

 あ、思い出しました。ええと、1のとき0になって、0のとき1になるやつですね。

　そうだね。notの計算に相当するリレーは、次のように作ることができる。

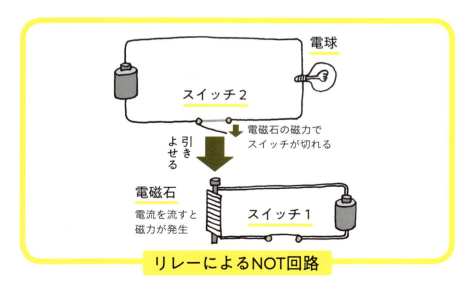

リレーによるNOT回路

なるほど。上の回路にはもともと電流が流れていたのに、スイッチ1を押したら、磁石の働きでスイッチ2が切れちゃうんですね。

そう。で、XOR回路は、AND回路、OR回路、NOT回路を以下のように組み合わせると作れる。

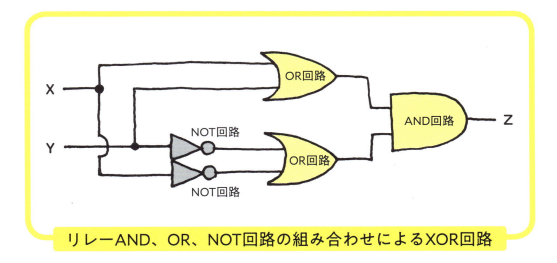

**リレーAND、OR、NOT回路の組み合わせによるXOR回路**

うわー。複雑です……。

確かに複雑だけれど、このようにリレーを組み合わせると、きちんと思ったとおりに動くんだよ。そして、ブール代数を使えば、そのことが計算によって確かめられるんだ。さっきはブール代数によって、推論という「僕らの考え方の筋道」が計算で表せることを見たけれど、リレーを使って作った「機械の動き方」も、ブール代数の計算で予測できるということだよ。

「考え方の筋道」と、「機械の動き方」ですか。確かに、普通に考えたら、なかなか結び付かないですね。

　そういうのを結び付けるのが、数学のすごいところなのかもね。ちなみにドイツでは、コンラート・ツーゼという人が、シャノンと同じ時期に同じ発見をしていたらしい。この人はZ1という、コンピュータの先駆けとなった計算機を作った人でもあるよ。
　それから、1936年、シャノンよりも2年前に、日本の中島章がほぼ同じ発見を論文にまとめて発表しているよ。ただ、中島はシャノンと違って、もともとはブールの研究を知らなかったそうだ。ブール代数に相当するものを独自に構築したあとで、ブール代数に出会って、同じだということに驚いたんだって。

それはすごいですね。

　さて、リレーとブール代数の関係が明らかになってから、いよいよ「リレーを使って数の計算をしよう」という試みがなされた。つまり、さっき説明した「電気を使った計算」の始まりだ。

ここでやっと、「電気を使った計算」が出てくるんですね。

　長い旅だったよね。ブールによって、「真と偽」という意味を与えられた「1と0」は、シャノンらによって「リレーのスイッチの開閉（電流のオン、オフ）」という意味を与えられた。そしてそれが、「二進法で表された数」と結びついて、

> プラスα！
> 中島章の業績については、情報処理学会ホームページの「IPSJコンピュータ博物館」に解説記事があるよ（「スイッチング理論/リレー回路網理論/論理数学理論」
> http://museum.ipsj.or.jp/computer/dawn/0002.html）。

「電気を使った計算」というアイデアが生まれたことになる。

「真と偽」も、「リレーのスイッチのオンとオフ」も、二進法の数字も、全部「1」と「0」になるんですね。

シャノンの修士論文の発表と同じころに、アメリカのベル研究所のジョージ・スティビッツが、自宅のキッチンで二進法の足し算をするリレーを作っているよ。キッチンで作ったから、彼の奥さんがModel-Kと名付けたらしいけどね。スティビッツとシャノンは同じ研究所にいたから、互いの仕事は知ってたみたいだ。

## スイッチをどんどん速く、小さく
### ～リレーから真空管、そして半導体へ

その後、世界の各地で、リレーを利用した計算機が作られ始めた。さっき話した、ドイツのコンラート・ツーゼのＺ１シリーズは、その先駆けといえる。そのほかにも、ハワード・エイケンのHarvard Mark Iなどが知られているよ。これは、世界初の電気式で、完全自動の計算機だといわれている。計算をするときには、「部屋中にぎっしり詰まっている婦人たちが一斉に機械編みを始めた[※]」ような音がしたんだって。スイッチを閉じたり開いたりする音がそんなふうに聞こえたのかもしれないね。

では、今のコンピュータにも、その「リレー」が入っているんですか？

プラスα！
※の部分は、M.キャンベル・ケリー／W.アスプレイ『コンピュータ200年史』（海文堂出版）p.72からの引用だよ。興味のある人は読んでみてね。

いや、リレー式の計算機はね、第二次世界大戦中に、真空管を使った計算機にとって代わられたんだ。

しんくうかん、って、何ですか？

　真空管もリレーと同じく、スイッチの役目をする部品だよ。ただ、リレーよりもはるかに速くスイッチの切り替えができるんだ。さっきも見たとおり、リレーでは電気を一度、「磁石がスイッチを引っ張る力」に変えたよね。そして、その力でスイッチを操作して、電気のオン・オフを切り替えていたね。
　これに対して<u>真空管では、電気を使って「電気の流れそのもの」をコントロールする</u>ことで、電気のオン・オフを切り替える。

「電気の流れそのものをコントロール」？　そんなこと、できるんですか？

　うん。よく、「物質の中を電気が流れる」っていうけど、実際に流れているものは何か知っているかな？

えっと……電気……じゃないんでしょうか？

　実際に流れているのは「電子」っていうものだ。電子がマイナス極からプラス極に向かって流れている時、「（プラス極からマイナス極に向かって）電流が流れている」といわれる。電流をコントロールするというのはつまり、電子の動きをコントロールすることなんだ。

ええと、やっぱり、よくわかりません。

114

第 5 章 「電気による計算」までの旅路

　それじゃあ実際に、真空管がどう動くかを見てみようね。真空管っていうのはね、こんな部品だよ。

 なんか、電球みたいですね。

　そうだね。このガラスの中身は真空になっていて、その中にいくつか電極が入っている。世の中にはいろんな真空管があるけど、まずは、プラスの電極とマイナスの電極が1つずつ入ったものを見てみよう。

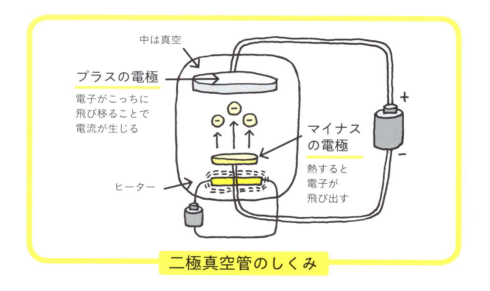

**二極真空管のしくみ**

 中に、「ひーたー」が入ってるんですね。

　このヒーターは、「マイナスの電極」を熱するために入っている。マイナスの電

極はね、熱すると電子を放出する物質でできているんだ。この電極の温度が上がると、電子が飛び出して、どんどんプラスの方に飛び移る。

　それによって、電気の流れが起きるんだ。空気があると電子の移動のじゃまになるので、中身は真空にしてある。

 ふーむ。

　二極真空管は、電流の向きを一定にするのに使われるけど、リレーのような「スイッチ」の役目を果たすには、もう1つ電極が必要になる。下の図が、3つの電極をもった真空管だよ。

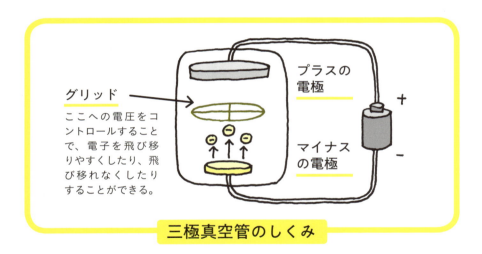

三極真空管のしくみ

「グリッド」っていうのが加わりましたね。

　うん。このグリッドが第3の電極で、ここに対する電圧を調節することで、電子をマイナスからプラスへ移動しやすくしたり、逆に移動できなくしたりすることができる。つまり、スイッチの役目をするんだね。グリッドに対する電圧は小さく

ていいので、効率的に電気の流れをコントロールできる。

ええと、要するに、グリッドにちょっと電気を流すだけで、より大きな電気を流したり、せきとめたりすることができる、ということなんですね。

　そのとおり。こんなふうに、「電気の力だけで電気の流れをコントロールできる」というのはとても便利だ。さっきのリレーでは、電気を一度磁力に変えることでスイッチを引っ張っていた。そのせいで、時間もかかったし、それなりに大きな電力が必要だった。でも、真空管を使えば、スイッチの切り替え時間は格段に速くなるし、必要な電力もぐっと少なくなる。

それなら、真空管をつかって計算機を作るというアイデアが出てきたのは、自然なことだったんでしょうね。

　うん。でも、実現はとても大変だったみたいだよ。戦時下のドイツでは、コンラート・ツーゼと共同で計算機の開発をしていたヘルムート・シュレイヤーが、真空管を使った計算機を開発していた。アメリカのアイオワ州立大学でも、教授のジョン・ビンセント・アタナソフが、学生のクリフォード・ベリーと一緒に真空管を使った計算機を作っている。でも、彼らは実用的な計算機を完成させることはできなかったみたいだし、機械そのものも残っていない。当時は、真空管は高価なものだったし、実用的な計算機を作るには莫大な電力も必要だった。だから、小さな研究者のグループでは、設計や試作までしかできなかったんだ。

---

**ここがポイント**
真空管は、電気の力だけで電気の流れをコントロールできるから、スイッチのオン・オフが速くできるし、電力も小さくて済むんですね。

それに、戦争中ということもあって、研究者も召集されたり、軍の研究所に移ったりして、コンピュータの開発を中断しないといけない状況もあったみたいだよ。

そうですか。いいアイデアがあったとしても、それを実現するのは、すごーく大変なんですね。

　そうなんだ。結局、大戦中に作られた「最初の実用的な電子式計算機」は、どれも戦争に利用する目的で国が出資したものだった。一つはイギリスのColossus、もう一つはアメリカのENIACだ。Colossusは、イギリスが敵国ドイツの暗号を解読するのに使われたそうだ。天才数学者の<u>アラン・チューリング</u>が開発に関わっていたらしいよ。これは実際に暗号解読を成し遂げて、第二次世界大戦の戦局を大きく左右した。この機械がなかったら、歴史はまた大きく違う流れになっていたのではないかといわれているよ。

計算機が、歴史の流れを決めたんですね。

　アメリカのENIACも、もともとは、ミサイルの弾道の計算のために開発されたんだ。開発の中心人物は、ペンシルバニア大学の研究者、ジョン・プレスパー・エッカートとジョン・モークリーの2人だった。彼らは軍に電子式計算機のアイデアを持ちかけて共同開発を行い、1946年にENIACを完成させた。

1946年、ですか。戦争が終わったのは、1945年ではなかったでしょうか？　もしかして、間に合わなかったんですか？

　うん、戦争には間に合わなかったんだ。でもENIAC自体は、1955年ごろまで現役で使われたらしいよ。ENIACは幅24m、高さ2.5m、奥行き0.9mの大きさで、重さは30トンあったそうだ。18000本もの数の真空管を使っていたらしいけれど、

第 5 章 「電気による計算」までの旅路

エッカートによるさまざまな工夫で、週に 2、3 本しか壊れずに動いたらしい。今でも、「世界最初のコンピュータ」といえば、ENIACの名があげられることが多いよ。

なるほど。それじゃあ、コンピュータには真空管が必要なんですね。妖精の世界に持って帰らないと……。

ちょっと待って。まだ話は終わりじゃないから。その後、真空管はまもなく「半導体」っていう物質で作られた部品にとって代わられたんだ。

えっ、「リレー」でも「真空管」でもなく、今度は「はんどうたい」、ですか？

半導体っていうのはね、電気をそこそこよく通す物質なんだ。電気をよく通す物質を導体、通さない物質を絶縁体というけれど、その中間ぐらいの物質だね。半導体そのものは中途半端な物質なんだけど、中途半端だからこそ、他の物質を混ぜると、さまざまな性質を持たせることができる。

うーん、よくわかりませんけど、「味があんまりしない食べ物ほど、いろんな味付けができる」みたいな感じですか？
あと、あんまり特徴のない顔の人のほうが、「おけしょう」で変身しやすい、とか。

まあ、それがわかりやすいなら、そういうふうに考えてもいいかな？　半導体

ここがポイント
今のコンピュータでは、リレーや真空管ではなくて、半導体を使った回路が使われているんですね。

第 2 部　電気で計算を表す

119

に他の物質を加えると、「電子がたくさん詰まった部分」とか、「電子をあまり含まない部分」とか、「電子をまあまあ含む部分」などを作ることができるんだ。これらを組み合わせると、真空管と同じように、電流を流したときに電子を一定の方向にだけ流すものや、電流を大きくするものなどが作れる。「トランジスタ」っていう部品はそのうちの一つで、3つの電極がついていて、電流を増幅することができる。これは、スイッチとして利用することができるんだ。

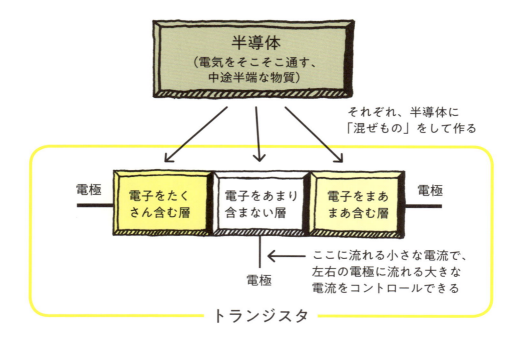

半導体を使った部品は、リレーや真空管と違って、とても小型に作りこむことができるし、電力も小さくて済む。電気をオン・オフする速度も、真空管よりずっと速い。今のコンピュータが昔よりも速くなっただけでなく、持ち運べるほど小型になったのは、半導体を利用した回路を使っているからだ。<u>コンピュータの計算のしくみは、昔考えられたものとあまり変わっていないけれど、スイッチや回路を</u>

第 5 章 「電気による計算」までの旅路

どんな物質でどう作るかによって、コンピュータの性能とサイズが大きく変わった、ということだ。

ふむふむ。なるほど、わかりました。妖精の世界に「はんどうたい」みたいな物質があるかどうかわかりませんけど、頑張って探します。そうしたらきっと、コンピュータができますね！

あと、論理学のことと、それを使って計算をする電気回路のことも、忘れないで伝えてね。今度こそ、コンピュータができるといいね。

ありがとうございます。今度こそ、さようなら！

第 2 部 電気で計算を表す

121

さらに
数日後

## またまたすみません。
## コンピュータ、
## どうやって、つくったんですか？

——うわっ！　またまた現れたね。
　　また何か、問題があったの？

　はい……。この前、「ろんりがく」のことと、「でんきかいろ」のことと、「はんどうたい」のことを教えてもらったあと、帰ってみんなに伝えたんです。そして、長老たちと相談して、また時間を200年ぐらい進めました。でも……。

——コンピュータ、できなかったの？

　はい。どうしてなんでしょう？　時間を進めた結果、また「かがくぎじゅつ」は進んだのですが。これ、今の私たちの世界です。

——この前は白黒写真だったけど、今度はカラー写真だね。どれどれ……あ、大きなビルがたくさんできて、道路も舗装されてるね。車や電車が走ってる。

　そうなんです。今の人間の世界にだいぶ近くなりました。でも、まだコンピュータ、ありません。

――　うーん、それは、どうしてだろうねえ。ところで、「電卓」はできたの？

　はい。足し算と引き算、掛け算と割り算と、あといくつかの計算をする機械はできました。その中では、この前教えてもらったように、電気を使った計算をしています。あと、「はんどうたい」に似た物質を使っているので、とても小型です。

――　そこまでできているのに、コンピュータができていないということは……
　　　もしかして、「プログラミング」という考え方がないからかな？

　ぷろぐらみんぐ？　なんだかそういうの、人間の世界で聞いたことがあります。でも、それはいったい、何なんですか？

――　それじゃあ、今回はそこから説明しようね。

第 **3** 部

# プログラミングとは？

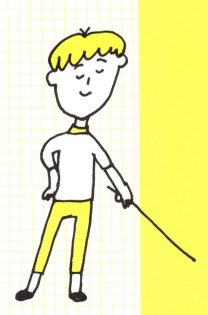

# 第6章 コンピュータに命令する

### コンピュータがコンピュータである理由

　まず質問だけど、コンピュータと電卓の違いは何かな？

ええと……電卓は、足し算とか引き算とか、何種類かの計算ができます。でも、コンピュータには、もっといろいろできます。その「もっといろいろ」がどんなことか、はっきりとは言えませんけど……。

　そうだね。足し算とか引き算とかなら電卓でもできるけど、コンピュータを使えば、もっといろいろなことができるよね。前に見た、画像や文字や音声の処理もそうだし、数の計算にしても、足し算や引き算とかだけでなく、さまざまな計算ができる。「台形の面積の計算」や「体脂肪の計算」、また「ガソリンにかかる消費税の計算」とかね。

でも、どうすれば1つの機械で、いろいろな計算ができるようになるんですか？

　どうするんだと思う？　たとえば君が「台形の面積の計算」や「体脂肪の計算」、また「ガソリンにかかる消費税の計算」のようなさまざまな計算を、たった1つの機械で、自動的にできるようにするなら、どうするかな？

第 6 章 コンピュータに命令する

あ、わかりました！「台形の面積を計算する部分」「体脂肪の計算をする部分」「ガソリンにかかる消費税を計算する部分」をそれぞれ作って、最後に組み合わせて1つの機械にするんでしょう。

　うーん。それだと、新しい計算をしたくなったら、そのたびに新しい部分を作らなければならないね。たとえば、「気温と湿度から不快指数を計算したいな」と思ったら、それ用の部分を作らなければならない。

ああ、そうですね。それは面倒くさそうです。

ちょっと、次の式を見てごらん。

台形の面積の計算
台形の面積＝（上の辺の長さ＋下の辺の長さ）×高さ÷2

体脂肪率の計算
体脂肪率＝（4.570/身体密度－4.142）×100

ガソリンにかかる消費税の計算
消費税＝（本体単価＋ガソリン税＋石油税）×消費税率

さまざまな計算式

うーん、数式は苦手です。私もだいぶ計算に慣れてきたつもりですが、まだ目が拒否反応をしています。

でも、上の式、よーく見てみて。何か気づくことはない？

うー、目がチラチラします……。あれ？ でもよく見たら、足し算、引き算、かけ算、割り算しか入っていませんね。これなら私でもできる気がします。

そうなんだ。つまり、上はどれも、足し算、引き算、かけ算、割り算を組み合わせればできる計算なんだよ。

たとえば台形の面積の計算。君はどんな手順でするかな？

えっと、台形の面積＝（上の辺の長さ ＋ 下の辺の長さ）× 高さ ÷ 2
だから……。
1．上の辺の長さと下の辺の長さを足す。
2．その答えに、高さを掛ける。
3．その答えを、2で割る。
ですね。

そうだよね。そう考えると、もし足し算、引き算、かけ算、割り算の「四則演算」ができる機械があって、「上の手順のとおりに機械に計算させる」しくみがあれば、その機械は台形の面積を計算できるということになる。

特別に、「台形の面積を計算する部分」を作らなくってもね。

なるほど。要するに、できる計算の種類はそんなに多くなくても、それらをいろいろ組み合わせることによって、たくさんのパターンの計算ができるっていうことですね。

「まず足し算をして、次にその答えに3をかけて……」というように、「**計算の手順を順番に書いたもの**」は、「**プログラム**」と呼ばれる。今僕らが使っているコンピュータも「プログラム」にしたがって計算をする。

第 6 章　コンピュータに命令する

プログラムって、あちこちで聞く言葉ですね。学校の運動会とかにも「プログラム」ってあるでしょう。

　そうだね。似たようなところがあるね。運動会のプログラムも、「まず、行進して入場。次に校長先生の開会あいさつ。次に生徒代表の宣誓。次に100m競争。次にフォークダンス」のように、「することを順番に書いたもの」であることが共通しているね。

## どうやって機械に命令する？

でも、どうやってコンピュータに「プログラム」を読ませるんですか？　人間の言葉で書いた命令が、コンピュータにわかるんですか？

　僕らの言葉で書いても、そのままではコンピュータにはわからないよ。でも、コンピュータの頭脳に、数や文字の情報を教えるときは、どうしてたかな？

二進法の数字を使っていましたね。そして、それを電気信号に変えていました。1のときは電流が流れて、0のときは流れない、みたいに。

　命令を伝える場合も、それと同じなんだよ。コンピュータに対する命令も二進法の数字で書いて、電気信号に変えてからコンピュータの頭脳に伝える。

ここがポイント
プログラムというのは、計算の手順を順番に書いたものなんですね。難しい計算も、基本的な計算を組み合わせればできることがあるんですね。

第 3 部　プログラミングとは？

129

つまり、「足し算をせよ」とか「引き算をせよ」のような命令に相当する、二進法の「ことば」があるんだ。

　そうなんですか。でも、命令を全部1と0の組み合わせで書き表すのって、面倒ではないですか？　それに、コンピュータに命令をしたい人は、100110……はどういう命令かっていうのを、全部覚えないといけないんでしょうか。

　少なくとも今は、人間が、1と0だけで書かれた命令を直接作ったり、いじったりすることはほとんどないよ。そのかわりに、僕らの言葉にちょっと似た言語を使ってプログラムを書く。
　たとえばこんなのだよ。

```
import java.util.Scanner;
import java.lang.Math;

public class Ketasuu{
        public static void main(String[] args){
                Scanner stdIn = new Scanner(System.in);
                Int n;
                System.out.println("nの桁数を求めます。");
                do{
                        System.out. println("0以上の整数を入力してください。");
                        System.out.print( "nの値: ");
                        n=stdIn.nextint();
                }while(n<0);

                int keta;
                if(n==0){
                        keta=1;
                }else{
                        double d=n;
                        keta=(int)Math.log10(d)+1;
                }
                System.out.println("その数は"+keta+"桁です。");
        }
}
```

**高級プログラミング言語で書かれたプログラムの例**

これ、何ですか？　ぜんぜんわかりません。

　そう？　でもよく見たら、わかるところもあるでしょ？　たとえば、真ん中あたりに出てくるifっていうのは、条件を表す。英語のifと似ているよね。

ああ、英語、ちょっとだけわかります。ifっていうのは、「もしも」っていう意味でしたっけ。あと、「＝」とか「＋」とかもわかります。

　こういう言語を、「<u>高級プログラミング言語</u>」というんだ。高級プログラミング言語で書かれたプログラムは、ちゃんと勉強しないと意味がわからないところはたくさんあるけれど、1と0だけのプログラムと比べると、見ただけでなんとなくわかるところはあるし、格段にあつかいやすそうだよね。

そうですね。少なくとも、目がチラチラすることがなさそうです。でも、人間にはわかりやすくても、これだと機械にはわからないのではないですか？　機械が受け付けるのは、1と0、つまりオンとオフの電気信号だけなんでしょう？

　高級プログラミング言語で書かれたプログラムは、1と0からなるプログラムに「翻訳」されるんだよ。その翻訳の作業のことを「<u>コンパイル</u>」というんだ。

> **プラスα！**
> 「1」と「0」の二進法で書かれた命令は「マシン語」とか「機械語」とか呼ばれることがあるよ。

```
import java,util,Scanner;
import java,lang,Math;

public class Ketasuu{
    public static void main(String[] args){
        Scanner stdIn = new
        Scanner(System,in);
        Int n
```

高級プログラミング言語で
書かれたプログラム
(人間の言葉に近いので、
人間にとってわかりやすい)

↓ コンパイル

```
1010101111100000011100011000100110
1100000011100011000100110110001101
0110001001101100011010110001001101
1000110101100001011011000110101100
0100110110001101011000100110110001
1011110111111111111001001100000010
1111111001011001010101111000000001
1100011000100110110000001110001100
0100110110001101000111010011001010
```

1と0からなるプログラム
(電気信号に変換され、
コンピュータの頭脳に
伝えられる)

**高級プログラミング言語で書かれたプログラムを、
1と0からなるプログラムに翻訳(コンパイル)**

なるほど、人の言葉に似た「高級プログラミング言語」が、コンピュータの言葉に翻訳されるんですね。

プラスα！

プログラムをマシン語に翻訳するしくみには、プログラムを実行する前に全部翻訳(コンパイル)する「コンパイラ」の他に、プログラムを実行するときに翻訳する「インタプリタ」と呼ばれるものがあるよ。

# 第 7 章 命令を聞くしくみ

## もしコンピュータの頭脳が「妖精のいる部屋」だったら：CPU

でも、どうしてコンピュータはプログラムのとおりに動くんですか？機械の中に私たち妖精の仲間が入っていて、手順のとおりに動いてくれるわけではないですよね？

想像力がたくましいね……。でも、妖精は入っていないよ。それを知るためには、コンピュータの頭脳にあたる、CPUという部分のしくみを知る必要がある。

CPUっていう名前は聞いたことがあるような気がします。でも、しくみって……なんだかむずかしそうです。

CPUを自分で組み立てられるぐらい理解しようと思えば大変だけれど、その中にどういう役割を果たす部分があって、どんなふうに動いているかを知るのは、そんなに難しくないと思うよ。

> プラスα！
> CPUっていうのはCentral Processing Unitの略で、日本語だと「中央処理装置」と呼ばれるよ。

第 3 部 プログラミングとは？

133

でも、機械の中身の話ですよね。理解できるか、自信ありません。

　うーん、そうしたらとりあえず、CPUを1つの部屋というか、作業場だと考えてみようか。その中に、それぞれ自分の役割を持った妖精が働いているとする。

さっき、「妖精が入っているなんて、想像力たくましいね」って言われたばかりですけど。

　ははは。もちろん、本当は妖精ではなくて、第2部で見たような電気回路が動いているんだけどね。でも、CPUの各部分がどんな役割を持っているのかを理解するには、擬人化した方が想像しやすいかと思うから、しばらくそうやって考えてみよう。ここではまず、CPUというのを「外から与えられる命令にしたがって計算をする作業」に使われる部屋だと考えてみる。その部屋で妖精たちが、外から与えられる命令にしたがって動くためには、どんな役割をもった妖精がいればいいだろうか？

うーん。とりあえず、命令を聞く役、ですか？

　なかなかいい答えだね。そう、まず命令を聞く役……正確には「外から命令やデータを送ってもらう役」なんだけど、そういう妖精が必要だね。

命令を「聞く」んじゃなくて、命令を「送ってもらう」んですね。

　うん。その辺の事情はまたあとで説明するね。ほかには、どんな役が必要かな？

ええと、計算する役？

そう。計算する役が必要だね。CPUの中で計算する役割を持った部分の正体は、第2部でみた足し算回路のような、電気回路だ。これはいいよね。この「計算する役」にあたる部分は、「演算装置」と呼ばれる。

**演算装置**
計算を行う

 うう、私だったら、できればその役はやりたくないですね……。計算する役と、命令を送ってもらう役は別なんですか？

うん。命令を送ってもらう役にあたる部分は、「制御装置」と呼ばれる。むずかしい名前に聞こえるかも知れないけど、外から命令やデータを送ってもらうことと、データを外に送り出すこと、「計算をする役」に指示を与えることが主な仕事だ。

**制御装置**
命令やデータのやりとりと、演算装置への指示をする

 「計算する役」に指示を与える、ですか。人間の世界の「いざかや」みたいに、「2と3の足し算、そのあと5から1の引き算入りまーす」「はいよろこんでー」みたいなやりとりをするんでしょうか。

君、居酒屋に入ったことがあるんだね……。まあ、似ているところはあるかもね。

 ようするに、CPU部屋と外とのやりとりと、計算する役への指示が、制御装置の主な仕事なんですね？

そうだね。制御装置は、「外との交渉役」であり、「現場監督」でもある。制御

装置が計算以外のことをしてくれるから、演算装置は計算に専念できるというわけだ。CPU部屋にはあと1人、「時計を見て、一定の間隔で作業をさせる役」というのがいる。つまりね、「ヨーイドン、作業始め！」でみんなに決められた量の作業をさせて、一定の時間が過ぎたら「はい、そこまで！」と時間を区切って、また次の作業を「ヨーイドン」で始めさせる役割を持った部分があるんだ。これは、「クロック」と呼ばれる。

**クロック**
一定の間隔で信号を出して、作業のタイミングを合わせる

 なんで、そんな役が必要なんでしょうか？

　上で説明したように、CPU部屋では異なる役割を持った複数の装置が、同時に動いている。それらのタイミングを合わせるために、一定の間隔で信号を出すクロックが必要なんだ。まあ、オーケストラで多くの人がそれぞれ楽器を演奏して1つの曲を奏でるために、指揮者が必要なのに似ているかな。
　たとえば、バイオリン奏者がまだ楽譜の1小節目を弾いているのに、チェロ奏者がさっさと2小節目を弾き始めたら、きれいなハーモニーにならないよね。それと同じだよ。

 なるほど。

　さて、これまで、「計算する役」「命令やデータを外とやりとりして、計算する役に指示を与える役」「時計を見て、ヨーイドンで作業をさせる役」がいることを

---

**ここがポイント**

CPUの中の「演算装置」は計算をする役で、「制御装置」は命令やデータを外とやりとりして、演算装置に命令をする役なんですね。

第 7 章　命令を聞くしくみ

見た。今度は、CPU 部屋にいる妖精じゃなくて、設備について考えてみよう。

設備？

うん。たいてい、何かの仕事や作業に使われる部屋には、作業に使うものを置いておくスペースがあるよね。

ああ、お料理をする場所だったら、調理台とか流し台とかがありますね。

　CPU 部屋の中には、「これから計算に使うデータを置いておく場所」だとか、「計算の途中結果や最終結果を置いておく場所」、また「外から取ってきた命令を置いておく場所」などがある。こういうのは「レジスタ」と呼ばれる。制御装置は、外から取ってきた命令や数をここに置くし、演算装置はここに置かれた数に対して計算をして、また計算結果をここに置く。そして、それを制御装置が外に持って行ったりする。

なるほど。まさに、作業台、って感じですね。

　ただね、レジスタの中には、単に「ものを置いておく場所」という役割の他に、作業の状態を表示する「掲示板」みたいな役目をするものがある。たとえば、「次は命令の○番目の作業をしますよ」のように、次に実行する命令の番号を表示したり、「さっきの計算結果はプラスじゃなくてマイナスになりました」のように、計算の途中経過を表示したりする。

そういう掲示板は、どうして必要なんですか？

第 3 部　プログラミングとは？

137

主に、制御装置が命令の流れを見極めるために必要なんだ。次に実行する命令の番号を表示するレジスタは、「プログラム・カウンタ」と呼ばれるんだけど、ここに表示される番号は、通常は命令がこなされるたびに1ずつ増えていく。もし、0番の命令が終わったら、次は1番、2番……というふうにね。でもときどき、その流れが変わることがある。というのは、命令の中に、「次は100番の命令に飛べ」とか、「もしさっきの計算結果がマイナスだったら、245番に飛べ」とかいうのがあるからだ。そういう命令の流れがわかるように、掲示板の情報が必要になる 。

**ここがポイント**
CPUの中の「レジスタ」には、命令やデータを一時的に置いたり、次の命令の番号を表示したり、計算の途中の結果を表示したりするものがあるんですね。

> ふーむ。あっちに飛んだりこっちに飛んだり、けっこう複雑なんですね。命令が順番にきれいにならんでいたら楽なのに。

でもね、そうやって状況に応じて命令の流れが変わるところが、コンピュータでの計算をとても強力なものにしているんだよ。これについては、またあとでくわしく見るね。

## 命令とデータが同居する場所：メインメモリ

さて、CPU部屋の中身がどうなっているかについては、少しイメージができるようになったかな？　次は、CPUの「外」について見てみよう。

> ええ。さっきから、「命令を外から送ってもらう」とか「計算結果を外に送り出す」とか、何かと「外」って言うから、「外って何だろう」と気になっていました。

CPUにとっての「外」には、大ざっぱに言って2つのものがある。1つは「メインメモリ」と呼ばれるもの。もう1つはキーボードや画面、スピーカーなどの「入出力装置」だ。さっきから、「命令を送ってもらう」とか「データを送る」と言っていたけれど、「送り元」や「送り先」は「メインメモリ」のほうだよ。「メインメモリ」は単に「メモリ」と呼ばれることもあるよ。

---

**ここがポイント**
> CPUが情報をやりとりするのは、「メインメモリ」っていう記憶装置なんですね。命令もデータも、この中に入っているんですね。

第 **7** 章　命令を聞くしくみ

メモリって、聞いたことがあるような、ないような。

　メモリは英語で書くとmemoryで、「記憶」の意味だね。メモリは「記憶装置」とも呼ばれる。

要するに、記憶に使われる装置をメモリと言うってことですか？

　そうなんだけど、ただ、記憶に使われる装置にもいろいろあって、「メモリ」とか「メインメモリ」という言葉はそのうちの一つを指して使われることが多い。たとえば、君も見たことがあると思うけど、USBメモリとかCDのように取り外しができる記憶装置があるよね。ああいうのは、データの保存や持ち運びに使われるんだ。

はい、そういうのは、見たことがあります。

　それから、普通は見ないけど、コンピュータの中にも記憶用のディスクが入っていて、これもデータの保存に使われる。よく「ハードディスク」と呼ばれるのがこれだ。USBメモリとかハードディスクは、コンピュータから簡単に取り外しができるものもできないものも含めて、「補助記憶措置」と呼ばれる。
　これらに対して、「メモリ」とか「メインメモリ」とか呼ばれるものは、上のものとはまた別の記憶装置なんだ。これもコンピュータに内蔵されているので、普段は見ることがない。

はぁ。ややこしいですね。

　とりあえず、補助記憶装置との混同を防ぐために、今後は「メインメモリ」という名前を使うことにするね。メインメモリが補助記憶装置と大きく違うのは、「電源を切ると記憶した中身がなくなっちゃう」ということかな。

え？　電源を切ると、なくなっちゃうんですか？

　うん。コンピュータで作業をしていて、なんらかのトラブルでコンピュータが動かなくなったり、電源が切れたりすることがよくあるよね。そのときにきちんと「保存」をしていないと、作業の結果が消えてしまう。

そういうの、聞いたことがあります。「せっかくたくさん書いたのに、保存しておかなかったから消えちゃったー」とか言って、がっかりしている人、よくいますよね。

　「保存」をする前のデータはね、「メインメモリ」に記憶されているんだ。でも、メインメモリの中身は電源が切れると消えちゃうから、データも消えてしまう。
　そこで、きちんと「保存」をするとそのデータはメインメモリからコンピュータの中にあるハードディスクや、USBメモリなんかの「補助記憶装置」に保存される。補助記憶装置に保存されれば、電源が切れても記憶は残るし、次に電源を入れたときにまた読み出すことができる。

ふーむ。同じ記憶装置でも、メインメモリと補助記憶装置では、ずいぶん違うんですね。でも、なんで、電源を切ると中身が消えちゃうような記憶装置が必要なんですか？　そんなの、いらない気がするんですけど。

　それはいい質問だね。
　まず、電源を切ると中身が消えるのはどうしてかというと、<u>メインメモリの中に記憶されるものは、すでに「電気信号」になっている</u>からなのだ。

電気信号っていうと、おなじみの「オンとオフで表された情報」ですね。

うん。電気信号だから、電気の供給がなくなると消えてしまう。でもその一方で、電気信号だから、そのままCPUが読み書きすることができる。つまり、速くて便利なんだ。

それに対して、補助記憶装置は、磁気や光を使って記憶をしている。これは第1部でちょっと見たよね。

ああ、磁力の向きとか、光が反射するとかしないとかを利用して、情報を記録するんでしたね。

そう。これらは、磁石とか、光を反射する凸凹なんかを使って情報を記憶するから、電気がなくても記憶は消えないんだ。でもそのかわり、<u>記憶された情報を使うときに電気信号に変換しないといけないから、情報の読み出しや書き込みに時間がかかる</u>。

なるほど。メインメモリに記憶されている情報は電気信号だから、「すぐ使えて速い」んですね。

うん。だから、CPUの中の制御装置とやりとりされる命令やデータは、普通メインメモリの中に入っている。つまり、CPUと直接「命令」や「データ」のやりとりをするのは、メインメモリなんだ。

> ここがポイント
> 「メインメモリ」の中の情報は電気信号になっているのに対して、「補助記憶装置」の中の情報は磁力とか光で記録されているんですね。

# 第 **8** 章 命令を実行する

### プログラムの実行を体験しよう

　ではここで、CPUが、プログラムに書かれた命令にしたがってどのように動くかを、ちょっと体験してもらおう。君には、演算装置と制御装置の役、つまり「計算する役」と、「メインメモリとの間で命令やデータをやりとりして、計算する役に指示を与える役」とをやってもらうよ。

 ええと、どうやるんですか？

　まず、鉛筆と消しゴムと紙を用意してね。用意できたら、紙に以下のような表を書いてね。

> **次に実行する命令がある所：72ページ**
> （特に指定がない限り1ずつ増える）
>
> **データ置き場A：**
>
> **データ置き場B：**

　上の表は、ものすごくおおざっぱだけど、CPUの一部を表している。それぞれの項目は、さっき説明した「レジスタ」に相当する。

「れじすた」っていうのは、ものを置く場所とか、掲示板みたいなものでしたね。

そう。表の中に「次に実行する命令の場所：72（ページ）」って書いてあるよね。これは、さっき説明した「プログラムカウンタ」っていうレジスタで、命令を実行するごとに、普通は1ずつ数が増えていく。

なんかややこしそうです……。

そんなことないよ。やってみたら簡単だから。とりあえず、72ページに行って、ページの下のほう、ページ番号のあたりを見てごらん。

ええと……あ、「86ページの数を、データ置き場Aに置け」って書いてありますね。これが命令ですね。そして、86ページを見ると……。あ、ページ番号の隣に「2」って書いてあります。これを、「データ置き場A」のところに書き込めばいいんですか？

そうだよ。書いたら、「次に実行する命令の場所」を72から73に変更しよう。

じゃあ、次は73ページを見ればいいっていうことでしょうか。ええと、73ページの下のほうを見ると……「87ページの数を、データ置き場Bに置け」って書いてあります。87ページには、ページ番号のとなりに「3」って書いてありますね。これを、「データ置き場B」に書き込んだらいいんですね。

はい。それじゃあ、「次に実行する命令の場所」を73から74に変更しようね。

ええと、74ページ。今度は、「データ置き場Ａの数に、データ置き場Ｂの数を足せ」ですね。ええと、２に３を足すんだから、「データ置き場Ａ」の数が５になりますね。「次に実行する命令の場所」は74から75になるから……75ページ。75ページの命令は、「データ置き場Ａの数を、88ページに置け」。ええと、88ページに「５」を書き込みました。次に、76ページを見ると……「終了」と。これで終わりですか？

はい、よくできました。

## データのやりとりと計算　〜データ転送命令と演算命令

今のは、いったい何なんですか？

　さっき言ったとおり、君にはCPUの制御装置と演算装置の役をやってもらった。そして、さっきの表は「レジスタ」に相当する。つまり、「君」＋「さっきの表」で、CPUに相当する。

はぁ、私がCPUだったんですね。

　そう。それで、２＋３の計算をしてもらったんだよ。何か感想はある？

……正直に言うと、めんどくさいです。

　ほう、どう面倒くさかったかな？

第 8 章　命令を実行する

ええと、まずページをめくって命令や数を見に行くことが、面倒だと思いました。

　コンピュータでの計算には、そういう細かいステップがかかわるんだ。実は、君がページをめくって見に行った命令やデータは、メインメモリに記憶されたものに相当する。つまり、この本の各ページの下部の余白を「メインメモリ」とみなしている。

では、さっき「私」がページをめくって命令や数を見に行ったということが、CPUとメインメモリの間のやりとりを表していたということですか？

　そういうことになるね。わざわざ各ページの下の余白を使って「メインメモリ」を表現したかったのは、メインメモリの重要な特徴を理解してほしかったからだ。

「メインメモリの重要な特徴」って、何ですか？

　それはね、「<u>情報を記憶する場所に、それぞれ番号が付いている</u>」っていうことだ。メインメモリは、何桁かの二進法の数字によって表される情報を、複数記憶することができる。そして、記憶用のスペースのそれぞれに、他のスペースと区別するための番号が付けられている。

ふーむ。ホテルの部屋番号みたいなものですか？

　それはいいたとえだね。メインメモリの各スペースに付けられた番号は、「<u>メモリアドレス</u>」と呼ばれているよ。メインメモリの中の住所、って感じだね。

第 3 部　プログラミングとは？

147

なるほど、住所ですか。さっきの「86ページの数をデータ置き場Aに置け」とか「データ置き場Aの数を88ページに置け」とかいう命令は、メインメモリの「住所」を指して、データをどこから取ってくればいいかを示していたんですね。すごい回りくどい感じがしましたけど。

その命令は、メインメモリとレジスタとの間でデータをやりとりするものだ。その手の命令は「データ転送命令」と言われているよ。これとは別に、「データ置き場Aの数に、データ置き場Bの数を足し算せよ」というのは、計算をさせる命令だから、「演算命令」と言われている。

## 命令の流れを変える 〜ジャンプと条件分岐

今度は、もうちょっと複雑な例をやってみようか。

次に実行する命令がある所：77ページ
（特に指定がない限り1ずつ増える）

データ置き場A：

データ置き場B：

データ置き場C：

掲示板F：

ここがポイント
メインメモリの中で情報が記憶される場所には、番号（メモリアドレス）がついているんですね。

あれ？　今度は「掲示板F」っていうのがついていますね。

うん。これはレジスタの一種で、CPUの計算の状態を表すものだ。専門用語ではフラグ・レジスタと呼ばれているけどね。

ここでは、データ置き場Aの数が0より小さければ「マイナス」という表示が出ることにしているよ。だから、もし計算の途中でデータ置き場Aの数がマイナスになったら、掲示板Fに「マイナス」と書き込むようにしてね。

では実際に77ページからスタートしてみよう。

ええと、77ページの命令に従うと、データ置き場Aには5が入ります。78ページの命令によって、データ置き場Bには2が入りますね。79ページでは、データ置き場Cに0を入れる。80ページでは……5から2を引くんですね。データ置き場Aの数は、3になる。3は0より小さい数ではないので、掲示板Fに「マイナス」の表示は出ないですね。だから、81の命令は無視していいんですね。82ページの命令によって、データ置き場Cの数が、0から1になる。83ページの命令によって、80ページへジャンプ。ええと、またここから繰り返すんですか？

うん。83ページの命令によって、上の表の中の「次に実行する命令の場所」が「80」にセットされるからね。

面倒ですね……。ええと、今度は3から2を引くから、データ置き場Aの数は1になります。1は0より小さい数じゃないから、掲示板Fに「マイナス」の表示は出ない。だから、また、81ページは無視。82ページによって、データ置き場Cの数が1から2になる。83ページによって、80ページへジャンプ。また繰り返しですか……。

まあ、頑張って。もう少しだから。

今度は、1から2を引くから、データ置き場Aの数は−1になりますね。あ、初めてマイナスの数になりました。ということは、掲示板Fには「マイナス」が表示されますね。81ページによると、掲示板Fが「マイナス」と表示しているときは84ページにジャンプ、ですね。ええと、84ページは、「データ置き場Cの数を90ページに置け」、となっている。今データ置き場Cの数は「2」だから、これを書き込めばいいんですね。85に進んで、めでたく終了！

お疲れさま！

疲れました……。それで結局、これは何だったんでしょう？

わからないかな？　わからないなら、88ページと89ページに別の数を入れて、90ページの数がどうなるかためしてごらん。ただし、正の数ね。

うーん。……。10と5を入れたときは2。14と3を入れたときは4。8と5を入れたときは1。……結局90ページに入る数は、88ページの数から、89ページの数を何回引けるか、数えたものなんですね？

そう。つまりね、さっきの77ページから始まる一連の命令は、正の整数どうしの割り算の商（その整数部分）を出すものなんだ。

ああ、割り算だったんですか！

整数どうしの割り算の商を求めるには、割られる数から割る数を繰り返し引い

150

て、割られる数がマイナスになる手前までに何回引けるかを数えればいい。さっきの一連の命令では、「ジャンプ命令」を使って、繰り返しを実現したんだ。

ああ、83ページの、「80へジャンプせよ。」ってやつですね。

うん。また、ジャンプ命令は、繰り返しをストップするのにも使ったよね。

ええと、81ページの、「掲示板Fに「マイナス」と表示されていたら、84へジャンプせよ。」というやつでしたっけ。それで84ページに行ったら、85ページに進んで、「終了」することができました。

　そう。さっきの方法で割り算の商を求めるには、引き算の結果がマイナスになった場合、そこで繰り返しをストップしないといけない。そのとき、掲示板F、つまり「フラグ・レジスタ」の表示を見て、繰り返しを続けるか、ストップするか判断する。そういうときに使うのが、さっきのような「条件付きジャンプ命令」なんだ。

なるほど。掲示板Fは、ジャンプするかどうかを判断するときに使われるんですね。

　コンピュータへの命令は、常にメインメモリに入っている順番で実行されるというわけではなくて、ジャンプ命令などによって、命令の流れが変更される場合がある。このことが、コンピュータにできることを非常に豊かにしているんだ。

ここがポイント
プログラムでは、同じ命令を繰り返したり、遠くの命令にジャンプしたりすることができて、その組み合わせでいろんなことができるようになっているんですね。

# 第 **9** 章 コンピュータの誕生

## 「命令とデータの同居」のインパクト

　さて、もうわかってもらえたと思うけれど、メインメモリにはデータだけでなく、命令、つまりプログラムも入っているよね。実はこのことが、今のコンピュータにとって、とても重要なアイデアだった。

 そうなんですか？　別に、そんなにたいしたことじゃないように思えますけど……。

　「コンピュータの発明者は誰か」はとても難しい問題なんだけど、この問題の答えとしてよく名前が挙がる人物がいる。数学者の<u>ジョン・フォン・ノイマン</u>だ。なぜ彼が「コンピュータの発明者」といわれているかというと、「<u>メインメモリに、プログラムとデータの両方を入れてから実行する</u>」というアイデアを発表したからだ。

 つまり、そのアイデアを考えついた人＝コンピュータの生みの親、ということになっているんですか？

　それぐらい、「メインメモリにプログラムを入れてから実行する」というアイデアは、「コンピュータ」という機械がこの世に出現する上で決定的なものだったんだ。前の章で、第二次世界大戦中に作られたENIACの話をしたけど、覚えてるかな？

第 9 章 「コンピュータ」の誕生

ええと、「えにあっく」というのは、「しんくうかん」をたくさん使って作ったコンピュータでしたね。

　そうそう。ENIACは真空管を使った電子式の計算機で、ミサイルの弾道計算のために発明されたんだったね。このENIACを作成した中心人物が、ペンシルバニア大学のジョン・プレスパー・エッカートとジョン・モークリーという2人だったことも、前に話した。で、フォン・ノイマンは、ENIAC開発の途中からグループに加わって、ENIACの次の「EDVAC」の設計についてのディスカッションに参加していたらしいんだ。

「えにあっく」とか「えどばっく」とか……似たような名前でまぎらわしいですね。

　EDVACでは、ENIACの問題点がいろいろ改善されることになっていた。その中に、「どのようにして計算機にプログラムを読み込ませるか」という大問題があったんだ。

それって、そんなに大きな問題だったんですか？

　そうだよ。もともと「プログラミング」というアイデアは、19世紀にチャールズ・バベッジという数学者が考え出したといわれている。バベッジは最初、多項式の計算ができる「階差機関」という歯車式の計算機を作ろうとしていて、イギリス政府から資金をもらっていたんだけど、残念ながら完成させることはできなかった。
　でも、その経験をもとに、彼は新しい計算機械を思いつく。それが、「たった1つの機械で、自動的にさまざまな計算ができる機械」だったんだ。つまり、プログラムを読み込ませて、いろいろな計算をさせられる機械だ。バベッジはその機械

を「解析機関」と呼んだ。「解析機関」
では、右のイラストのような穴のあいた
カードで、計算用の機械にプログラムを
読み込ませようとしたらしいよ。

ええと、こんな「穴があいた
カード」で、どうやって機械
に命令できるんですか？

　２つの「異なる状態」の組み合わせによって、多くのことを表せたことを忘れ
たのかな？

あ、そうか。二進法の数字では「１」と「０」の組み合わせだけで
いろいろ表せましたね。

　それと同じで、「穴があいている」「あいていない」の組み合わせも、さまざ
まなことを表せる。もちろん、機械への命令もね。バベッジが解析機関に穴あき
カードを使おうと思ったきっかけは、ジャカード織機っていう、織物を織る機械
だったらしい。ジャカード織機は、穴あきカードを使って模様のパターンを機械
に読み込ませることで、さまざまな模様の織物を作ることができたんだ。

そうですか。織物からヒントを得るとは。

　ただ、バベッジの解析機関は、残念ながら完成できなかった。だから、バベッ
ジがこの機械を実際にどのように動かそうとしていたのか、くわしいことはわから
ないんだ。バベッジは、階差機関の失敗で政府から信用を失ってしまったために、
解析機関を開発するための資金援助を受けられなかったそうだよ。

第 9 章 「コンピュータ」の誕生

せっかく、今のコンピュータにつながるすごいアイデアを思いついたのに、残念ですね。

　バベッジの時代からしばらくの間、人々は穴のあいたカードとかテープでプログラムを「書いて」いた。つまり、穴のあいた紙を使ってプログラムを機械に読み込ませながら、機械を動かしていたんだ。
　でも、真空管を使った電子式計算機が作られるようになると、穴あきカードや穴あきテープで機械にプログラムを読み込ませるという方法は、不便になってきたんだ。

どう、不便になったんですか？

　リレーを使った計算機と、真空管や半導体を使った計算機の違いはなんだったか覚えてる？

ええと……リレーに比べて、真空管とか半導体のほうがものすごく速いってこと、でしたっけ……。

　そう。そこがとても重要なんだよ。リレーを使った計算機のときは、機械が穴あきカードを読み込む速さと、計算の速さとの間には、それほど差がなかった。
　でも、真空管を使うようになって、計算の方だけが極端に速くなってしまった。そうすると、穴あきの紙を読み込む速度と、計算速度とがつりあわなくなってしまったんだ。

つりあわないって、どういうことですか？

　ええと、たとえば、君がとても数学が得意で、どんな問題でもすばやく解けてし

まうとする。仮に、5秒間に1問解けるとしようよ。それでも、もし問題文を「1時間に1文字ずつ」しか教えてもらえないとしたら、問題文が全部わかるまで解くことができないよね。問題文がそろうのを待っているだけで何時間もかかってしまう。

確かにそれだと、速く問題が解けてもあんまり意味がないですね。「1 + 1 を計算せよ」で8文字だから、問題を聞き終わるまで8時間かかってしまいます。

でしょ。それだと、せっかく速く計算できても、それが生かせないよね。真空管を使った計算機でも、これと同じことが起こったんだ。穴のあいた紙を読み込む速度は、どんなに頑張っても、ある程度以上は速くならない。電子式計算機の計算速度に見合う速さにはならないんだ。

そこでENIACでは、穴あきの紙を使わず、配線を変えることでプログラミングをすることにしたんだ。

配線を変える？

そう。機械の配線をつなぎ変えることで、さまざまな計算を行えるようにした。

でも、それも面倒くさそうですね。

実際、面倒だったと思うよ。手順の違う計算をしたいときは、毎回人手で配線をつなぎ変えないといけなかったしね。そこで、ENIACの次のEDVACの設計では、画期的なアイデアが採用された。それまでは、「メモリ」は計算に使うデータを記憶する場所でしかなかったんだけど、同じ場所に「プログラム」も記憶させよう、ということになったんだ。メモリにプログラムを電気信号の形で記憶させておけば、プログラムを実行するときに、プログラムを読み出す速度と計算する速度が

ほぼ同じになる。結果的に、速く計算できる機械の能力を生かすことができる。このアイデアは、「プログラム内蔵方式」とか、「ストアド・プログラム方式」とか呼ばれているよ。

なるほど。そうすれば、配線をつなぎ変える手間もいらないですね。すごくいいアイデアだと思います。それをその「ふぉん・のいまん」って人が考えたんですね？

それが、よくわからないんだ。誰がそのアイデアを最初に思いついたのか、真実は不明だ。そのアイデアは極秘だったらしいんだけど、チームの一人であるフォン・ノイマンが突然、自分の名前で公表してしまった。ENIAC開発の中心人物であったエッカートとモークリーは、フォン・ノイマンが開発チームに参加する前にすでにそのアイデアは自分たちが思いついていた、と主張しているよ。

なんだか、泥沼って感じですね……。

まあ、フォン・ノイマンは他にも偉大な業績を残している大天才だから、プログラム内蔵方式を考案していたとしても、おかしくないんだけどね。しかし、たとえフォン・ノイマンが本当にプログラム内蔵方式の発明者だったとしても、その理由で彼だけを「コンピュータの発明者」と呼ぶのは違和感がある。今まで話してきたように、コンピュータが生まれるまでには、古代における数字の発明から現在まで、実に多くの人々の頭脳と、そのアイデアおよび技術の積み重ねが必要だったからね。

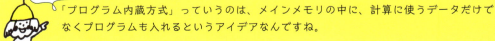
ここがポイント
「プログラム内蔵方式」っていうのは、メインメモリの中に、計算に使うデータだけでなくプログラムも入れるというアイデアなんですね。

## コンピュータの赤ちゃん

　さて、フォン・ノイマンによって「プログラム内蔵方式」のアイデアが発表された3年後、1949年に、世界で初めての実用的な「プログラム内蔵方式」のコンピュータが完成した。それは、イギリスのケンブリッジ大学で開発されたEDSACだった。

あれ？ 「えどさっく」？　さっき話に出たのは、「えどばっく」じゃなかったでしたっけ？　名前が違いますね。

　残念なことに、フォン・ノイマンや、エッカート、モークリーがいたEDVACのチームは、意見の対立が原因で解散してしまったんだ。EDSACは、EDVACの影響を受けて、イギリスのケンブリッジ大学でモーリス・ウィルクスのチームが開発したものだ。EDSAC完成前の1948年には、これまたイギリスのマンチェスター大学で、プログラム内蔵方式コンピュータの「実験機」が世界で初めて動いている。これは、Manchester Small-Scale Experimental Machine、またはBabyと呼ばれている。Babyの1年後には、実用機のManchester Mark Iが開発されているよ。

Baby、ってことは「コンピュータの赤ちゃん」みたいなものですか？　ここでやっと、コンピュータができたってことですか？

　そうだね。どの機械を「世界初のコンピュータ」と呼ぶかは、難しい問題だけど、やっとここへきて、今のコンピュータのように「デジタル」で、「電子式」で、「プログラム内蔵方式」のコンピュータが完成したといえるかもね。

第 9 章 「コンピュータ」の誕生

うーむ、古代の数字の発明から始まって、ここに来るまでずいぶん長かったですね。いろんな人が関わったし、数学とか論理学とか工学とか、いろんな分野の知識が必要だったし……。

　そうだよね。ここでは、コンピュータの開発に貢献したすべての人のことを取り上げることはできなかったけれど、報われた人もそうでない人も含めて、実に多くの人々の知恵と努力の結晶として、コンピュータはこの世に生まれた。そういう長い歴史の上に、今の僕らのコンピュータ中心の生活が成り立っているということを、ぼんやりとでも実感してもらえたら嬉しい。それから、1950年以降にも、コンピュータについての偉大な発明がたくさんあった。僕は教えられないけど、君にはぜひ勉強を続けてほしい。

おかげさまで、コンピュータのこと、だいぶわかりました。本当に、何度もありがとうございました。

　君の世界でも、今度こそ、コンピュータができるといいね。

今度こそ、できるような気がします。そうしたら、きっとすばらしい生活が待っていますね。とても楽しみです。では、今度こそ、本当に、さようなら。

第 3 部　プログラミングとは？

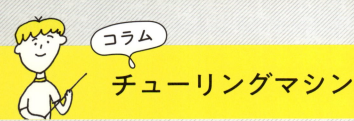
# チューリングマシン

あの〜、前に「ねかふぇ」で「コンピュータの発明」について調べていたら、「チューリングマシン」という言葉を見つけました。これも、昔のコンピュータなんですか？

いい質問だね。チューリングマシンというのは、1936年に、数学者アラン・チューリングが発表したものだ。ただし、実際に組み立てられた機械ではなくて、「抽象的な計算機械」なんだよ。

抽象的っていうのは、見えないし、音も聞こえないし、さわれもしないってことですよね。そんな機械、役に立たないような気がしますが。

チューリングマシンの目的はね、今のコンピュータや電卓みたいに「計算をより速く、楽にできるようにする」ということではないんだ。むしろ、「計算とはいったい何なのか」っていう問題に答えていることなんだ。

「計算とは何か」の答えって、「足し算とか引き算とか」じゃないんでしょうか？

コラム　チューリングマシン

足し算とか引き算とかは「計算の例」だけど、チューリングの時代に問題になっていたのは、「計算とは何であって、何でないのか」っていう、もう少し突っ込んだ話なんだ。それに対して、チューリングは次の図のような機械を考え出して「こういう機械にできることが計算で、できないことは計算ではない」と、はっきりと答えたんだよ。

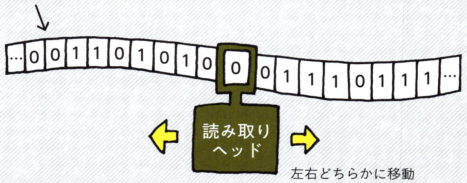

この「読み取りヘッド」はいくつかの「状態」を取ることができて、「今の状態」と「今テープから読み取っている記号」との組み合わせによって、1）今読んでいる記号をどんな記号に書き換えるか、2）次に右左のどちらに進むか、3）次にどの状態に移動するかが決まるんだ。

うーん、すみません！　ぜんぜん、わかりません！

そうか。じゃあ、実際に簡単なチューリングマシンを作って、動かしてみよう。

え？　そんなこと、できるんですか？

できるよ。まず、鉛筆、消しゴム、ハサミ、ホチキスを用意して、次のページをコピーしてね。そして、読み取りヘッドを作ろう。5つの「四角」を切り取って、状態1から状態5まで全部重ねて、ホチキスで留めようね。このとき、「状態1」が一番上に来るようにしてね。中の「窓」の部分を切り取るのを忘れないでね。これが「読み取りヘッド」だよ。

### 読み取りヘッドの作り方

① はさみで切り取って

② ここをくりぬいて「窓」にする

③ 状態1から5まで重ねてホチキスで留める

次は、チューリングマシンの「テープ」だよ。読み取りヘッドの準備ができたら、テープの真ん中のあたりに、鉛筆で「11」って書いてみて。消しゴムで消したり書き換えたりするから、ペンじゃなくて鉛筆が便利だよ。1つの数字を1つのマスに書くのを忘れないでね。

| | | | | | | | | 1 | 1 | | | | | | | | |

コラム　チューリングマシン

コピー用　読み取りヘッド

状態1
- 0か1ならば右に1つ動く。ページはこのまま。
- 空白ならば左に1つ動いて、ページをめくって状態2へ。

状態2
- 0ならば1に変えて左に1つ動いて、ページをめくって状態3へ。
- 1ならば0に変えて左に1つ動いて、ページをめくって状態4へ。

状態3
- 0か1ならば左に1つ動く。ページはこのまま。
- 空白ならば、左に1つ動いて、ページをめくって状態5へ。

状態4
- 1ならば0に変えて左に1つ動く。ページはこのまま。
- 0ならば1に変えて左に1つ動く。ページをめくって状態3へ。
- 空白ならば1に変えて左に1つ動く。ページをめくって状態5へ。

状態5
- 終了。

コピー用　チューリングマシンのテープ

第3部　コンピュータの頭脳

そしてこの上に「読み取りヘッド」を置いて、「11」の左の「1」が読み取りヘッドの窓から見えるようにしよう。そして、「状態1」に書いてあるとおりにするんだ。

ええと、「0か1ならば右に1つ動く。ページはこのまま。」って書いていますね。「1」だから、右に1つ動いて、ページはこのままでいいんでしょうか。

そうだよ。次も同じだね。その次で、何も書いていないマス目――「空白」にぶつかったけど、どうするかな？

ええと、「状態1」に書いてあるとおりに、左に1つ動いて、ページをめくって、「状態2」のページを見ます。
すると次は、「窓」に見えている数字が「1」だから、「1ならば0に変えて左に1つ動いて、ページをめくって状態4へ。」って書いてあるとおりにすればいいんでしょうか。

そうだよ。左に1つ動いて「状態4」のページをめくったら、どうなるかな？

コラム　チューリングマシン

今見えている数字が「1」で、「状態4」のページには「1ならば0に変えて左に1つ動く。ページはこのまま。」とあるから、そのとおりにします。次は「空白」だから、1に変えて、左に動いて、状態5のページをめくったら……あ！「終了」だって！

そう、これで終わりだよ。今やったように、チューリングマシンでは、「読み取りヘッドの今の状態が何か」ということと、「読み取りヘッドから今見えている記号は何か」という2つのことの組み合わせで、次にすることが決まるんだ。このことは、なんとなくつかめたかな？
それじゃあ、テープのマス目がどう変わったか見てみようね。最初、11って書いたけど、これが100に変わったね。

11が100に変わるって、どんな意味があるんでしょう。

実はこのチューリングマシンは、「二進法の数に1を足す」計算をする機械なんだ。つまり今のは、二進法の「11」、つまり3に1を足して4、つまり二進法の「100」に変える操作だったんだよ。ぜひほかにもいろんな数で試して、正しい答えが出るか確かめてみてね。ほかの数で試すときにも、「1つのマスに数字を1つずつ書く」、それから「最初は状態1のページを一番上にして、左端の数字から始める」ことを忘れないでね。
また、「状態」に書いてあることをいろいろ変えたら、他の計算もできるよ。チューリングが主張したのは、こういった機械にできることそのものが「計算」なんだっていうことだ。

ふうむ、なんとなく、わかった気がします。でもこの話、コンピュータとはあまり関係がなさそうですね。

そんなことはないよ。今のコンピュータでできることは、チューリングマシンでできることと同じなんだ。言い換えれば、チューリングマシンにできないことは、今のコンピュータにもできない。

そうなんですか！？ 信じられないですけど。

それから、チューリングは「万能チューリングマシン」というものも考案している。これは、「計算される数」だけではなく、チューリングマシンの動き──つまり、「計算の手順」も一緒にテープの上に書いて、その手順のとおりに数の計算をするチューリングマシンなんだ。この話、聞き覚えないかな？

「計算される数」と「計算の手順」を一緒にテープの上に書く……？ あ、コンピュータの「メインメモリ」の話にちょっと似てますね。たしか、メインメモリには、「命令」と「データ」が両方入っているんでしたね。そのアイデアが、とても重要だったとか。

そう、「プログラム内蔵方式」のことだね。ある意味コンピュータは、チューリングマシンを具体化したものと言っていいかもしれない。チューリングマシンについては、この本の著者が書いた『精霊の箱 チューリングマシンをめぐる冒険』（東京大学出版会）っていう本や、その中に挙げられている参考文献を読んでみてね。

## 後日談

あのー……。

――あっ！
　君、また来たの？

はい……。

―― まさかとは思うけど、もしかして、コンピュータ、できなかったの？

いえ……おかげさまで、コンピュータ、できました。

―― おお、よかったね。おめでとう。

今の私たちの世界、こんなです。見てください。

―― うわっ、何これ？　僕の部屋が、別世界になった！

「立体えいぞう」です。私の手元にある、この小型の機械で映し出しています。

―― すごいじゃない。それに、これが今の妖精の世界？　まるで映画の「未来の世界」みたいだね。よく見たら、映像の中にいるの、ロボットばっかりだし。君の仲間は、どこにいるの？

　みんな、おうちの中にいます。外に出て働くのはロボットだけです。私たちは、何もしなくてよくなりました。

――すごいなあ。もう、人間の世界よりも、ずいぶん先を行っているんだね。

　はい……。

――どうしたの？　元気がなさそうだけど。

　それが……みんなが、「もう勉強は要らないんじゃないか」って言い始めたんです。そしたら長老たちまで、「確かに、今はなんでも全部機械がやってくれるんだから、学校も、勉強もなくしてしまおう。面倒くさいし、勉強できる奴はなんかムカつくし」って言い出して。

—— ええっ？

　私、悲しいです。せっかくここでいろいろ教えてもらって、自分の世界に伝えたのに。このままでは、コンピュータがどうやってできたのか、そして、なぜ動くのかを、わかる妖精がいなくなってしまいます。

—— そうなったら、きっと、困ったことになるだろうね。

　私も、そう思うんです。でも、どうしたらいいんでしょう。

—— そうだねえ。僕にはよくわからないけれど、君のように考える妖精が、これから先も出てくることを願うしかないね。

　そういう妖精が出てきたら、また人間の世界でいろいろ教えてもらえるでしょうか？

—— もちろんだよ。でもそのためには、人間の世界でも、「コンピュータのしくみや歴史を知りたい」と思って勉強する人が、ある程度いないといけないね。
　僕らは、先人たちの研究の積み重ねによって何かができるようになると、「できること」のほうが当たり前になってしまって、それを生み出した「研究の積み重ね」のことを忘れてしまいがちだ。それはそれで仕方がないことかもしれないけれど、それが「研究なんて、全然大切じゃない」とか、「もう勉強は要らない」っていう考え方につながってしまうのは、やっぱりおかしなことだよね。
　それに、「今は当たり前のこと」が、本当は「全然当たり前ではない」と気づくことに、毎日を楽しく豊かに生きるヒントがあるような気もするしね。

はい、私も、そう思います。できるだけ、そのことを、他の妖精にも伝えていこうと思います。今は、誰にも聞いてもらえませんけど……。

――　きっと、聞いてくれる妖精が出てくると思うよ。困ったら、また僕のところに相談に来て。

　ありがとうございます。それじゃあ今度は、「さようなら」は言わないで帰りますね。これからも、よろしくお願いします。

――　じゃあ、またね。いつでも待ってるからね。

# コンピュータのことを、もっと深く知りたい方へ

　この本では、コンピュータについて、主に３つの基本的な点を解説しました。それは、１）数字で表された情報を扱う機械であること（つまり、デジタル機器であること）、２）電子機器であり、電気の操作によって計算をする機械であること、３）プログラムによってさまざまな操作を実行できる機械であることです。しかし、これらを理解することはコンピュータの世界への「入口」に過ぎません。この本を読んで次の段階の勉強をしたいと思われた方のために、おすすめの本を以下に挙げます。

山本貴光『コンピュータのひみつ』朝日出版社、2010年

　「コンピュータがわかるとはどういうことか」という基本的な問いかけから始まる、講義形式の本です。コンピュータについて知らない生徒たちが投げかける鋭い質問と、先生の丁寧な答えを追っていくうちに、コンピュータについての深い知識が身につきます。

チャールズ・ペゾルド（著）、永山操（訳）『CODE：コードから見たコンピュータのからくり』日経BPソフトプレス、2003年

　コンピュータの仕組みについての基本の基本がぎっしり詰まった名著です。豊富な図と巧みな解説で、一つひとつじっくりと説明を追っていけば必ず理解できるようになっています。本書を読まれた方には、ぜひチャレンジしていただきたい本です。

矢沢久雄『プログラムはなぜ動くのか　第2版』日経BP社、2007年

矢沢久雄『コンピュータはなぜ動くのか』日経BP社、2003年

　一般向けの「仕組み本」として、長く読み継がれている2冊です。コンピュータについて知らない人だけでなく、ある程度理解した人にとっても有用な情報が豊富です。個人的には、『プログラムはなぜ動くのか』→『コンピュータはなぜ動くのか』の順番で読むのがわかりやすいと思います。

その他、以下の本もおすすめです。

坂村健『痛快！　コンピュータ学』集英社、1999年
安野光雅（著）、野崎昭弘（監修）『石頭コンピューター』日本評論社、2004年
ダニエル・ヒリス（著）、倉骨彰（訳）『思考する機械　コンピュータ』草思社文庫、2014年

　コンピュータの歴史については、本文中のページ下部に挙げた文献の他、次の「参考文献」の中の文献もご覧ください。

## 参考文献

[1] 内山昭　『計算機歴史物語』岩波新書、1983年
[2] 坂村健『痛快！　コンピュータ学』集英社、1999年
[3] ジョエル・シャーキン（著）、名谷一郎（訳）『コンピュータを創った天才たち』草思社、1989年

［4］ 情報処理学会「スイッチング理論/リレー回路網理論/論理数学理論」、IPSJコンピュータ博物館（解説記事）、http://museum.ipsj.or.jp/computer/dawn/0002.html、2003年

［5］ ジョン・L・ヘネシー、デイビット・A・パターソン（著）、成田光彰（訳）『コンピュータの構成と設計　第5版』（上・下）日経BP社、2014年

［6］ 高橋正子「論理学の歴史とコンピュータ（数学解析の計算機上での理論的展開とその遂行可能性）」、数理解析研究所講究録、1286:85-99、2002年

［7］ ドゥニ・ゲージ（著）、藤原正彦（監修）『数の歴史』（「知の再発見」双書74）創元社、1998年

［8］ 中島章・榛澤正男「継電器回路に於ける単部分路の等価変換の理論（其の一）」、電信電話学会雑誌、no.165、pp.1087-1093、電気通信学会、1936年

［9］ 春木良且『情報って何だろう』岩波ジュニア新書、2004年

［10］ 深沢千尋『文字コード「超」研究　第2版』ラトルズ、2011年

［11］ 星野力『誰がどうやってコンピュータを作ったのか？』共立出版、1995年

［12］ 丸岡章『コンピュータアーキテクチャ　その組み立て方と動かし方をつかむ』朝倉書店、2012年

［13］ 宮井幸男、若林茂、尾崎進、三好誠司『デジタル回路のしくみがわかる本』技術評論社、2000年

［14］ 村瀬康治『はじめて読むマシン語　－ほんとうのコンピュータと出逢うために』アスキー、1983年

［15］ 矢沢久雄『プログラムはなぜ動くのか』日経BP社、2001年

［16］ 山田昭彦「スイッチング理論の原点を尋ねて　－シャノンに先駆けた中嶋章の研究を中心に」、IEICE Fundamentals Review Vol.3, No.4、電子情報通信学会、2010年

［17］ 吉田洋一『零の発見－数学の生い立ち』岩波新書、1986年

［18］ Boole, George　(1854) The Laws of Thought (republished by Cambridge University Press, 2009).

［19］ Williams, Michael R. (1997) A History of Computing Technology (Second Edition), IEEE Computer Society Press, Los Alamos, California.

［20］ Campbell-Kelly, M. and Asplay, W. (1996) Computer: A History of the Information Machine, BasicBooks.　（日本語版：マーチン・キャンベル・ケリー、ウィリアム・アスプレイ（著）、山本菊男（訳）『コンピューター200年史 ―― 情報マシーン開発物語』海文堂出版、1999年）

［21］ Shannon, Claude (1940) "A Symbolic Analysis of Relay and Switching Circuits", Massachusetts Institute of Technology, Dept. of Electrical Engineering.

［22］ Shurkin, Joel (1996) Engines of the Mind: the Evolution of the Computer from Maingrames to Microprocessors, W. W. Norton & Company.

# あとがき

　本書は、筆者が2009年～2010年に津田塾大学で教えた授業をもとにしています。当時筆者は、同大学が推進していた文理融合プロジェクトの一環として、全学部の学生を対象に情報科学の基礎を教える授業を担当していました。受講者の中には情報科学や数学を専門としない学生も多かったため、「コンピュータのことをほとんど知らない人、またあまり興味がない人に、どうすればわかりやすく伝えられるだろうか」と、あれこれ試行錯誤しました。そこで採用したアプローチが、1）いきなり「しくみ」を導入するのではなく、それが生まれるまでの歴史的な経緯を語ること、そして 2）「しくみ」の具体的な動作を可能なかぎり書き下して、前提知識がない受講者でも自力でステップを追えるようにすることでした。この作戦がうまくいったかどうかはわかりませんが、授業が終わる頃にはまとまった資料ができあがりました。当時熱心に聴講してくださった学生の皆様、また授業の機会を与えてくださった津田塾大学女性研究者支援センター様に御礼を申し上げたいと思います。

　授業資料は2010年の段階で一度書籍の形にまとめましたが、出版が決まらなかったためにお蔵入りになりました。このたび東京書籍株式会社の大原麻実さんから「初心者に楽しく読めるコンピュータ関連の書籍を」とお声かけいただき、原稿をお見せしたところ、出版のオファーをいただきました。かつて出版を断念したものを改めて世に出すことにはやや抵抗もあったのですが、大原さんに「新たな見せ方」についてさまざまなアイデアを出していただいたおかげで、書き直しの作業はたいへん楽しいものになりました。

私のこれまでの本と同じく、今回の本も「架空の登場人物による対話形式」を採用しています。人物の設定については、「自分を本の中に登場させたくないので、自分とは異質な2人組（青年と妖精）にしよう」ぐらいにしか考えていなかったのですが、イラストレーターののだよしこさんに描いていただいた「2人」を見たとき、その可愛らしさに思わず唸ってしまいました。柔らかく優しく、しかもわかりやすいイラストを多数描いてくださったのださん、またイラストの雰囲気そのままに、親しみやすく洗練された本に仕上げてくださったデザイナーの澤田かおりさん（トシキ・ファーブル合同会社）に、心より御礼申し上げたいと思います。

　また本書の内容については、東京大学情報基盤センターの中山雅哉先生に査読・校閲をお願いしました。中山先生にはたいへんきめ細かく見ていただき、重要な問題を多数ご指摘いただきました。本書のために貴重なお時間を割いていただいたことに深く感謝申し上げます。

　最近、人工知能について話をさせていただく機会が増え、その中でしばしば「コンピュータのしくみを知っていること」の重要性を感じるようになりました。当たり前のことですが、コンピュータがどのような機械なのかを知らなければ、人工知能技術の動向を正しく把握することは不可能です。さいわい、世の中には良質な解説書がたくさんあり、勉強を始めたい方、やり直したい方には大きな道が開かれています。本書がそういう方たちにとっての足がかりの一つになれば幸いです。

　　　　　　　　　　　　　　　　　　　　　　　　　　　　　　川添 愛

## コンピュータ、どうやってつくったんですか？
### はじめて学ぶ　コンピュータの歴史としくみ

2018 年 9 月 7 日　第 1 刷発行

著　者　　川添 愛

装丁・本文デザイン　澤田かおり（トシキ・ファーブル）
DTP　　　　　　　　澤田かおり＋トシキ・ファーブル
イラスト　　　　　　のだよしこ
写真提供　　　　　　PPS通信社

発行者　千石雅仁
発行所　東京書籍株式会社
　　　　東京都北区堀船2-17-1　〒114-8524
電　話　03-5390-7531（営業）　03-5390-7515（編集）

印刷・製本　図書印刷株式会社

ISBN978-4-487-81189-2 C0041
Copyright ©2018 by Ai Kawazoe
All Rights Reserved.
Printed in Japan

出版情報　https://www.tokyo-shoseki.co.jp
禁無断転載。乱丁・落丁の場合はお取替えいたします。